水利水电工程水力机械设计技术研究

张维聚 著

黄河水利出版社

·郑 州·

内 容 提 要

　　本书主要论述了引水径流式水电站混流式机组、河床式水电站灯泡贯流机组、引水式电站冲击式机组水力机械主机选型和水力机械辅机系统设计;介绍了中高扬程水泵站和低扬程水泵站主泵选型与辅机系统设计的经验及技术研究;分析了多泥沙水电站水力机械磨蚀情况,提出了抗磨蚀的解决办法及技术建议;介绍了水电站水力机械技术改造的一些方法;对水电站、水泵站过渡过程计算模型的建立和计算方法进行了探讨。

　　本书对从事水利水电工程设计的水力机械专业人员和大中专院校相关专业师生具有一定的参考价值。

图书在版编目(CIP)数据

水利水电工程水力机械设计技术研究/张维聚著. —
郑州:黄河水利出版社,2012.10
ISBN 978 - 7 - 5509 - 0366 - 1

Ⅰ.①水… Ⅱ.①张… Ⅲ.①水力机械 - 机械设计 -
研究 Ⅳ.①TK730.2

中国版本图书馆 CIP 数据核字(2012)第 238471 号

出 版 社:黄河水利出版社
　　　地址:河南省郑州市顺河路黄委会综合楼 14 层　　　邮政编码:450003
发行单位:黄河水利出版社
　　　发行部电话:0371 - 66026940、66020550、66028024、66022620(传真)
　　　E-mail:hhslcbs@ 126. com
承印单位:黄河水利委员会印刷厂
开本:787 mm×1 092 mm　1/16
印张:11
字数:254 千字　　　　　　　　　　　　　　印数:1—4 000
版次:2012 年 10 月第 1 版　　　　　　　　　印次:2012 年 10 月第 1 次印刷

定价:35.00 元

前　言

2011 年初中央 1 号文件《中共中央　国务院关于加快水利改革发展的决定》下达,2011 年 7 月 8~9 日,中央水利工作会议在北京举行,胡锦涛在讲话中指出,兴水利,除水害,历来是治国安邦的大事。

水力发电作为清洁能源,对国家的节能减排和环境治理起着非常重要的作用,是国家整体能源开发的重要组成部分。

水利工程,尤其是排涝和灌溉工程关系国计民生和城乡安全,所以得到了党和政府的高度重视,各级政府对水利水电工程也都非常重视。

近十几年国内中小型水电、水泵站建设发展迅速,带之而来的水利水电设计技术、经验日臻成熟,机电产品制造技术日新月异,安装、调试、运行经验越来越丰富。

作者通过多年从事水利水电工程水力机械专业设计技术研究积累的经验和实践成果,着重总结介绍了引水径流式水电站混流式水轮机组及高水头冲击式水轮机组、径流式水电站灯泡贯流机组主机选型及水力机械辅机系统设计的经验和成果;介绍了高含沙水流情况下水轮机选型需要考虑的问题以及经验、教训;介绍了多泥沙河流水电站轴流式机组和灯泡贯流机组技术改造的技术经验和方法以及多泥沙水电站水轮机的磨损情况及治理的一些方法和建议;探讨了水力机械辅机系统尤其是技术供水系统的设计方法;介绍了调水工程中、高扬程泵站,防洪排涝工程低扬程泵站主泵选型及水力机械辅机系统设计的技术经验,介绍了高含沙水流情况下主泵选型所要考虑的问题以及经验、教训;水电站、水泵站大小波动过渡过程事关电站、泵站的安全运行,进行这方面的技术研究是非常必要的,本书主要介绍了河床式电站灯泡贯流机组、长距离引水径流式水电站混流式机组、调水工程中高扬程泵站大、小波动过渡过程计算分析及技术研究方法和成果。

由于作者水平有限,不足之处再所难免,不当之处敬请读者指正。

作　者

2012 年 7 月

目　录

第1章 水电站主机选型及水力机械系统设计

近几年中小型水电站建设发展迅速,技术、经验日臻成熟,本章主要针对典型中小型水电站探讨水力机械主机选型及辅机系统设计的方法和需注意的问题。

1.1 混流式水轮机主机选型及水力机械系统设计

本节以刚果(金)ZONGO II 水电站为例,介绍引水径流式水电站混流式水轮机水力机械选型及水力机械辅机系统设计。

ZONGO II 水电站的主要任务是发电。工程主要由首部拦河坝、引水发电系统、岸边式地面厂房三部分组成。工程利用印基西河下游约 5 km 河段的河道天然落差,开挖隧洞集中水头引水发电。电站最大净水头 114.6 m,最小净水头 104.9 m,设计引水流量 160.5 m³/s。电站安装 3 台立式混流水轮发电机组,单机容量 50 MW,总装机容量 150 MW,多年平均年发电量约 8.619 亿 kWh,保证出力 47.1 MW,年利用 5 746 h。

工程主要建筑物为拦河坝、冲沙闸、发电引水建筑物、电站主副厂房、GIS 开关站及电站运行村等。发电引水建筑物包括进水口、隧洞、调压井、压力管道 4 部分。首部拦河坝枢纽对外交通道路位于印基西河左岸,与冲沙闸及进水口之间的回车场相连接。首部枢纽与电站厂区之间的交通道路基本沿引水线路两侧的山顶及山坡盘旋布置,沟通工程区内的首部枢纽、运行村、调压井及其交通放水洞洞口、供水池以及电站厂区等建筑物。工程区新建永久交通道路长约 7.5 km,路面宽 6 m。

ZONGO II 水电站工程区地震动峰值加速度不超过 0.05g,主要建筑物地震设防烈度小于 6 度。按照《中国水利水电工程等级划分及洪水标准》(SL 252—2000)确定该工程属于Ⅲ等中型工程,拦河坝、水电站厂房和引水隧洞等主要建筑物级别为 3 级。

刚果(金)ZONGO II 水电站为低坝引水径流式电站,取水口位于已建 ZONGO I 水电站下游,距河口约 5 km,电站位于刚果河左岸滩地距上游印基西河河口约 1.6 km 处。取水口布置于坝前左侧,引水隧洞全长约 2 525 m,洞径为 7.5~9.24 m,调压井高约 69 m,直径 18 m;压力钢管主管长约 280 m,直径 6.6 m,支管长约 190 m,直径 4 m。

电站投入系统后将位于基荷运行。

厂房位于刚果河左岸,电站对外输电电压为 220 kV、70 kV 两个等级,半地面式厂房。此地区基本资料如下:

多年平均气温:24.8 ℃;

极端最高气温:40.0 ℃;

极端最低气温:2.0 ℃;

实测最高水温:26.9 ℃;

pH 值:5~7。

本电站泥沙资料情况如下：

印基西河无泥沙观测资料，从现场考察情况、雨季河水浑浊程度以及流域植被等情况来看，与塞拉利昂 seli 河具有一定的相似性，因此参考塞拉利昂 seli 河泥沙观测数据推算印基西河泥沙成果。scli 河流域面积 3 990 km²，多年平均降水量 2 431 mm，泥沙观测数据推算得到的侵蚀模数为 350 t/(km²·a)。印基西河流域侵蚀模数取 350 t/(km²·a)，则 ZONGO Ⅱ 坝址处悬移质输沙量 408.8 万 t，多年平均含沙量 0.66 kg/m³。

根据非洲以及我国云南河流泥沙特点，印基西河泥沙推悬比取 0.25，多年平均推移质输沙量 102.2 万 t，总输沙量 511 万 t。

经统计分析，计算时段内入库最大日含沙量为 1.6 kg/m³，若不打开泄洪排沙闸，过机含沙量可能会超过 5 kg/m³。

经沙样测试，矿物成分为石英。

根据现场查勘的资料分析，ZONGO Ⅱ 水库悬移质中值粒径约 0.02 mm，ZONGO Ⅱ 悬移质颗粒级配见表 1.1-1。

表 1.1-1　ZONGO Ⅱ 水库坝址泥沙颗粒级配

悬移质	粒径(mm)	0.001 5	0.002	0.003	0.004	0.005	0.01	0.012	0.018	0.02	0.03	0.07	0.5	4
	小于某粒径沙重比（%）	0	4	11	16	21	35	39	48	50	61	78	90	100
河床质	粒径(mm)	0.018	0.027	0.032	0.045	0.054	0.07	0.16	7	23	26			
	小于某粒径沙重比（%）	10	20	30	40	50	60	70	80	90	100			

1.1.1　水轮机额定水头的确定

引水径流式水电站和坝后式水电站额定水头选取并不一样，首先以 ZONGO Ⅱ 水电站为例介绍引水径流式水电站额定水头的选取，再以云南李仙江水电站为例介绍坝后式水电站额定水头的选取。

1.1.1.1　ZONGO Ⅱ 水电站(引水径流式)额定水头的选取

ZONGO Ⅱ 电站水文水位资料如下：

(1)上游水位：

最高水位 356 m；

正常蓄水位 356 m。

(2)下游水位：

刚果河三年一遇洪水位 243.32 m；

3 台机正常满发尾水位 242.7 m；

1/2 台机组正常发电尾水位 240.96 m；

单台机正常发电尾水位 241.41 m。

电站下游尾水位与流量关系见表 1.1-2。

表 1.1-2　电站下游尾水位与流量关系

序号	引用流量（m³/s）	尾水位（m）
1	30	240.986
2	55	241.428
3	85	241.854
4	110	242.160
5	140	242.488
6	160	242.688
7	180	242.877

（3）特征水头：不同台数机组发电造成的引水系统水力损失值见表 1.1-3。

表 1.1-3　不同台数机组发电造成的引水系统水力损失值

序号	计算公式	运行工况
1	$0.000\,324Q^2$	3 台机发电
2	$0.000\,42Q^2$	2 台机发电
3	$0.000\,909Q^2$	1 台机发电

电站特征水头如下：

电站加权平均净水头 106.4 m；

正常发电最大净水头 114.6 m；

正常发电最小净水头 104.9 m；

刚果河三年一遇洪水位时最小净水头 104.2 m。

根据动能资料，电站水头有以下特点：电站上游水位基本恒定，下游尾水位变幅很小，因此毛水头变幅很小。发电净水头变化主要包括不同发电流量造成的尾水位变化和引水系统水力损失变化两部分，电站满负荷发电时形成的发电净水头最小。根据《水力发电厂机电设计规范》（DL/T 5186—2004）要求：对于径流式水电厂，水轮机额定水头应保证发足装机容量。故本电站的额定水头应取三台机组发额定装机容量时的最小水头，三台机组正常满发时最小净水头为 104.9 m，故水轮机的额定水头取 $H_r = 105$ m。

1.1.1.2　坝后式水电站额定水头的选取

李仙江戈兰滩水电站位于云南省思茅地区江城县和红河洲绿春县的界河——李仙江干流上，是李仙江流域 7 个梯级电站中的第 6 级，坝址距省会昆明市公路里程约 650 km。

戈兰滩水电站为岸边式地面厂房，工程主要任务是发电，电站共装有 3 台单机容量 150 MW 的立轴混流式机组，电站具有不完全年调节水库，调节库容 1.0 亿 m³，保证出力

79.85 MW,多年平均发电量20.198亿kWh,电站多年平均流量405 m³/s。

水位及水库参数如下:

(1)上游水位:

正常蓄水位456.00 m;

校核洪水位457.29 m;

设计洪水位453.47 m;

汛期排沙限制水位453.00 m;

死水位446.00 m。

(2)下游水位:

校核洪水位(P=0.2%)393.52 m;

设计洪水位(P=1%)390.21 m;

正常尾水位368.85 m;

最低尾水位365.95 m。

(3)水头:

加权平均水头83.52 m;

极端最大水头89.2 m;

最大水头86.2 m;

最小水头75.3 m;

极端最小水头60 m。

(4)水库性能:

总库容4.09亿 m³;

调节库容1.00亿 m³;

死库容2.94亿 m³;

调节性能不完全年调节。

(5)电站特性:

装机容量450 MW;

保证出力79.85 MW;

多年平均发电量20.198亿 kWh;

年利用小时数4 485 h。

电站在电力系统的作用为调峰、事故备用。

要求机组能超出力运行(110%额定出力)。

电站地震设计烈度7度。

本电站水头范围为75.3~86.2 m,可选择混流式水轮机。由于极端最大水头89.2 m及极端最小水头60 m出现概率很小,在水轮机参数选择时不预考虑,只保证运行稳定性及强度设计要求即可。

戈兰滩水电站加权平均水头为83.52 m,电站运行水头75.3~80 m以下出现的频率约为13.89%,运行水头80 m出现的频率为16.67%,运行水头82~86.2 m以上出现的频率约为69.44%,由此可见,戈兰滩水电站水头有低水头出现机会少、高水头出现机会多的特点,运行水头 80 ~ 86.2 m 占水头出现频率的 86.11%,按《水力发电厂机电设计规范》规定,额定水头在加权平均水头的 0.95 ~ 1.0 倍,即 79.32 ~ 83.52 m 范围内选取,取整后初步拟定对水头 80 m、81 m、82 m 进行水轮机有关参数的计算分析比较。经计算分析,有如下特征:

(1)3 个水头对水轮机稳定运行影响不大,技术上都可行。

(2)随水头的增高,导叶开度比增加,转轮流态呈变好趋势。

(3)随水头的增高,转轮直径减小,转轮质量减轻,水轮机投资减少。

(4)随水头的增高,年发电量减少,年回收资金减少。

综上所述,水头 80 m 的经济指标最好(收益率较高),加之本电站水头变幅小,高水头稳定问题不突出,尽管随额定水头的增高稳定运行范围呈变宽的趋势,但差别不大,故推荐额定水头为 80 m 方案。

1.1.2 水轮机机型的确定

应根据电站运行水头范围,选择适合的机型。

ZONGO Ⅱ 水电站运行水头范围为 104.2 ~ 114.6 m,适合且选型、设计及制造成熟的机型为混流式水轮机,故 ZONGO Ⅱ 水电站推荐水轮机型式为立式混流。

1.1.3 机组台数确定

本电站装机总容量为 150 MW,电站担任基荷带计划负荷运行,装机台数不宜过多,因此本阶段仅对装机 3 台和 4 台方案进行技术经济比较(见表 1.1-4)。

表 1.1-4 不同装机台数比较

主要参数	电站装机台数	
	3 台	4 台
电站装机容量(MW)	150	
机组单机容量(MW)	50	37.5
选用转轮型号	HL 168 – LJ – 285	HL176 – LJ – 204
水轮机最大水头 H_{max}(m)	114.6	114.6
水轮机最小水头 H_{min}(m)	104.9	104.9
水轮机额定水头 H_r(m)	105	105
水轮机比转速 n_s(m·kW)	168	218.44
转轮直径 D_1(m)	2.85	2.04
额定转速 n_r(r/min)	250	375
水轮机额定出力(MW)	51.28	38.27
额定流量 Q_r(m³/s)	53.5	34.46
吸出高度 H_s(m)	– 1.7	– 3.40

主要参数	电站装机台数	
	3 台	4 台
单台水轮机质量(约)(t)	150	110
全站水轮机总质量(t)	450	440
发电机型号	SF 50 – 24/6080	SF 37.5 – 16/4000
发电机单机出力(MW)	50	37.5
发电机额定转速(r/min)	250	375
单台发电机质量(t)	325	255
全站发电机机总质量(t)	975	1 020
桥机型式(单小车桥机)	200/50 t	150/32 t
桥机跨度(m)	20.5	19
桥机台数(台)	1	1
厂房总长(m)	70	76
土建投资差(万元)		+700
机电设备投资差(万元)		+570
总投资差(万元)		+1 270
年发电量(亿 kWh)	6.9	6.914
年发电量差(亿 kWh)		+0.014

从表 1.1-4 中可以看出 3 台机组方案投资比 4 台机组方案低 1 270 万元。尽管 4 台机组方案年发电量比 3 台方案多 140 万 kWh,按电价 0.71 元/kWh 计,每年可以多回收 99 万元,抵尝年限约 13 年,3 台机组方案的经济性明显优于 4 台机组方案。

3 台机组方案和 4 台机组方案容量及转轮直径分别为 50 MW、2.85 m 和 37.5 MW、2.04 m,国内大中水轮机厂都具有丰富的制造这些机组的经验。

电站为径流式电站,在电网中承担基荷,4 台机组方案单机容量稍小,在运行灵活、满足电网要求方面稍具优越性。

从以上比较可以看出,两种方案均可行,各具优、缺点。4 台机组方案一次性投资较高,但年发电量也略高,运行灵活;而 3 台机组方案一次性投资低,收益率较高,检修维护任务较少,运行费用较低。

经综合比较,推荐装 3 台机组方案。

1.1.4 水轮机比转速及比速系数

水轮机比转速 n_s 和比速系数 K 是选择水轮机的重要参数,这两个参数反映了所选择的水轮机的能量指标和制造水平。

按国内、外不同比转速计算公式计算出电站水轮机比转速 n_s 范围及相应的比速系数 K 的范围。

经常采用的混流式水轮机比转速经验公式有:

(1)中国: $n_s = 2\ 000/H^{0.5} - 20$ (m·kW);

(2)日本: $n_s = 20\ 000/(H + 20) + 30$ (m·kW);

(3)美国: $n_s = 2\ 105/H^{0.5}$;

(4)美国 A. C 公司: 下限 $n_s = 1\ 260/H^{0.5}$;

中限 $n_s = 2\ 100/H^{0.5}$;

上限 $n_s = 2\ 940/H^{0.5}$;

(5)经验统计: $n_s = 3\ 470/H_r^{0.625}$;

(6)美国肯务局(1976): $n_s = 2\ 940/H_r^{0.5}$;

(7)意大利塞尔沃(1970~1975): $n_s = 3\ 470/H_r^{0.625}$;

(8)瑞典 KMW 公司: $n_s = 2\ 000/H_r^{0.5} - 20$;

(9)国内最大统计值: $n_s = 49\ 500/(H + 125)$;

(10)统计曲线: $n_s = 2\ 357/H_r^{0.538}$;

$n_s = 47\ 406/(H_r + 108.5)$;

比速系数: $K = n_s H^{0.5}$。

按国内、外不同比转速计算公式计算出 ZONGO Ⅱ 水电站水轮机比转速 n_s 在 173~215 m·kW,相应的比速系数 K 的范围为 1 772~2 203。现阶段国内的新疆、四川大渡河等多泥沙水质电站实际采用的比速系数在 1 700 左右,仍处于比较保守的水平。

从比转速的计算公式 $n_s = 3.13 n_{11} (Q_{11} \eta)^{0.5}$ 可以看出,同样的 n_s 值可由不同的单位转速、单位流量以及效率的组合来实现,其中效率的改变是非常有限的。选取较高的单位转速可提高发电机同步转速,减轻发电机质量,降低机组造价,但同时也会带来一些不利影响,如较高的单位转速引起转轮出口相对流速上升,对水轮机空化、磨蚀及机组运行稳定性不利,且还会引起单位飞逸转速上升及转动部件的离心应力升高。水轮机采用较大的单位流量可以减小水轮机转轮直径,减小水轮机重量,降低机组造价,减小厂房尺寸缩减土建投资。但单位流量过大会导致水轮机过流速度偏高,恶化水轮机的综合性能。因此,单独提高水轮机的单位转速或单位流量来提高水轮机的比转速是不科学的,在优化配置单位转速和单位流量的同时,还应综合考虑水轮机效率、空化系数、水压脉动等综合指标。近年来,随着国内水电市场的迅猛发展和水电装机容量的迅速提高,通过表 1.1-5 中经验公式匹配出的单位转速和单位流量,经已运行的系列电站证明还是比较合理的。

表 1.1-5 单位转速及单位流量经验统计表

项目	单位转速(r/min)	限制工况单位流量(m³/s)
统计 公式	$n_{110} = \dfrac{1\ 210}{\sqrt{482.6 - n_s}}$ $n_{110} = 50 + 0.11 \times n_s$	$Q_{11} = 0.11 \times \left(\dfrac{n_s}{n_{110}}\right)^2$ $Q_{11} = 226\ 674/H^{1.148}$

根据统计公式得出的单位转速及单位流量推荐范围:

单位转速:$n_{110} = 68.77 \sim 73.96$ r/min,限制工况单位流量:$Q_{11} = 0.8 \sim 1.08$ m³/s。

从上面的分析可以看出,相对于本电站水轮机比转速 $173 \sim 215$ m·kW 的选择范围,可选择的同步转速范围为 $256 \sim 318$ r/min,本电站的基本情况可以归类到多泥沙、低坝引水径流式电站,要求选择的参数水平应较低,选择较低的参数水平可为进一步降低过流部件磨损,进一步延长大修周期打下基础。经过比选推荐采用中国水利水电科学研究院开发的用于多泥沙电站抗泥沙磨损的 JF2062 转轮,转轮直径 2.85 m,水轮机型号:HLJF2062 – LJ –285,额定转速 250 r/min,额定工况转轮出口相对流速 34.25 m/s。水轮机比转速 168.4 m·kW,对应的比速系数为 1 725.9。

对应的发电机同步转速为 250 r/min。

水轮机效率是评价水轮机能量性能的重要指标,直接影响电站的发电效益。随着国内近年来投产的一些中、高水头电站水轮机效率发展趋势,水轮机的效率也是在不断的提高,额定点的效率大多数在 93.5% 以上。因此,预计 ZONGO Ⅱ 水电站的水轮机额定效率不应小于 93.0%。

推荐的水轮机和发电机主要参数见表 1.1-6。

表 1.1-6　原型 HLJF2062 – LJ – 285 水轮机主要参数

水轮机型号		HLJF2062 – LJ – 285	
额定转速(r/min)		250	
效率修正 $\Delta\eta$(%)		1.35	
最大水头 114.6 m	水机出力(MW)	45% P_r	100% P_r
		23.08	51.28
	单位转速(r/min)	66.56	
	单位流量(m³/s)	0.287	0.551
	真机效率(%)	82.39	95.18
	模型气蚀系数 σ_c		0.034 1
	理论吸出高度 H_s(m)		– 0.142
加权 平均水头 106.4 m	水机出力(MW)	45% P_r	100% P_r
		23.08	51.28
	单位转速(r/min)	69.07	
	单位流量(m³/s)	0.312	0.621
	真机效率(%)	84.55	94.37
	模型气蚀系数 σ_c		0.050 5
	理论吸出高度 H_s(m)		– 1.01

续表 1.1-6

水轮机型号		HLJF2062 – LJ – 285	
额定水头 105 m	水机出力(MW)	45% P_r	100% P_r
		23.08	51.28
	单位转速(r/min)	69.53	
	单位流量(m³/s)	0.317	0.635
	真机效率(%)	84.99	94.13
	模型气蚀系数 σ_c		0.054 3
	理论吸出高度 H_s(m)		− 1.666
最小水头 104.9 m	水机出力(MW)	45% P_r	100% P_r
		23.08	51.28
	单位转速(r/min)	69.57	
	单位流量(m³/s)	0.317	0.636
	真机效率(%)	85.02	94.11
	模型气蚀系数 σ_c		0.054 5
	理论吸出高度 H_s(m)		− 1.697
额定工况叶片出水边相对流速(m/s)		34.25	
模型最高效率(%)		94.05	
原型最高效率(%)		95.4	
最高效率水头(m)		107.7	
比转速(m·kW)		168.4	
比速系数		1 725.9	

发电机参数:

发电机型号 SF 50 – 24/6080;

额定转速:250 r/min;

额定出力:50 MW;

额定效率:≥97.5%;

发电机功率因数 $\cos\varphi$:0.85(暂定);

机端电压:10.5 kV;

飞逸转速:432 r/min。

选用的水轮机模型综合工作区域曲线和运转特性曲线见图 1.1-1、图 1.1-2。

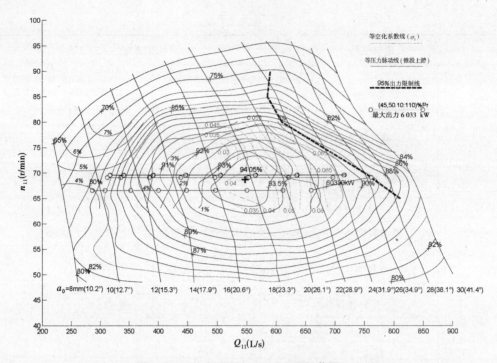

图 1.1-1 HLJF2062 – LJ – 285 运行范围

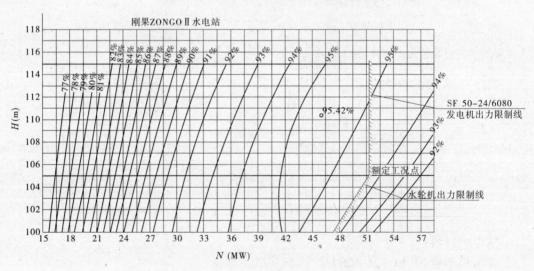

图 1.1-2 HLJF2062 – LJ – 285 运行曲线($n = 250$ r/min)

1.1.5 水轮机吸出高度及机组安装高程

混流式水轮机的安装高程，$\nabla_{安} = \nabla_{尾} + H_s$，$H_s = 10 - \nabla/900 - K_\sigma \sigma H$，公式中：$K_\sigma$ 是与过机泥沙含量有关的参数，泥沙含量越高，K_σ 值越大，H_s 值越小，机组安装高程越低，这样才有可能尽量避免水轮机的气蚀；如果对泥沙含量估计不足，K_σ 值取值偏低，导致机组安装高程实际取值过高，机组在较高含沙量情况下运行时极易产生气蚀，会导致水轮机的磨蚀破坏严重，很多电站都出现过此情况，所以在计算水轮机的安装高程时，过机泥沙

含量资料及其 K_σ 取值非常重要。

根据表 1.1-6 原型 HLJF2062 – LJ – 285 水轮机主要参数,推荐采用的水轮机转轮在最小水头 $H = 104.9$ m 时,理论吸出高度 $H_s = -1.697$ m。

设计尾水位下运行的总流量:53.5 m³/s。

设计尾水位:$Z_{wp} = 241.41$ m

$$\nabla_{安} = \nabla_{尾} + H_s$$

安装高程计算值: $EL' = 239.71$ m

由于电站浑水期泥沙资料缺乏,刚果(金)电力公司强调印基西河泥沙含量高,而且在枯水期 1~2 台机组发电时存在发电水头高于额定水头超发的情况(此时 H_s 值降低),为了尽量减少空蚀破坏,在此计算值的基础上应适当降低 H_s 值,故安装高程确定值:

$$EL = 237.0 \text{ m}$$

1.1.6　水轮机过流部件设计及选材

为防止和减轻泥沙对水轮机过流部件的磨损,水轮机设计、制造采取了以下措施:

(1)选用空蚀性能和运行范围良好的转轮,控制空蚀指标、过流流速,减轻泥沙磨损破坏。

有关研究表明,水轮机某一部位的磨蚀量 δ 可用下列数学模型表达:

$$\delta = \frac{1}{\varepsilon K} \beta S W^m T$$

式中　ε　　材料耐磨系数;
　　　　K——表面粗糙度;
　　　　β——泥沙磨损能力系数;
　　　　S——过机平均含量,kg/m³;
　　　　W——水流相对速度,m/s;
　　　　m——流态影响系数,对于混流式,$m = 2.3 \sim 2.7$;
　　　　T——运行时间,s。

上式表明:水轮机的磨蚀与泥沙特性、流态及流速、材料、运行时间等有关。因此,在机组选型时,一是选择的模型转轮在保证水力性能的条件下,过机相对流速要较低,以减轻泥沙对水轮机过流部件的磨损。二是选择的模型转气蚀性能要优,在保证水轮机气蚀性能的条件下,以减轻泥沙磨损与气蚀联合作用对水轮机过流部件的破坏。

(2)混流式水轮机的过流零部件包括:蜗壳、座环、导水机构、转轮、尾水锥管和肘管。气蚀和磨损主要发生部位:转轮进口、下环、出口和密封间隙位置,导叶头与尾部、导叶与顶盖、底环形成的间隙部分,顶盖、底环的过流面,尾水锥管进口等。针对这些过流部位,分析其流态和泥沙运行轨迹及破坏成因,改善水轮机过流部件的结构设计、制造工艺及质量、材料选用,提高抗泥沙磨损的能力。对多泥沙电站应采取以下措施:

①适当增大导叶节圆直径(由模型的 $1.18D_1$ 提高到原型的 $1.2D_1$),降低导叶区间流速,减少磨损破坏。

②固定导叶和活动导叶的数量及相互位置进行合理的匹配,大范围适应和减小水流

对活动导叶表面的冲击,防止这一区域的二次回流。

③转轮采用主轴中心孔补气,中心孔补气管延伸到转轮中心适当位置(见图1.1-3),增强补气效果,保证降低叶片出水边的气蚀破坏、泥沙磨损,并增强水轮机的稳定运行。经过多个电站的运行证明,这种补气效果更好。

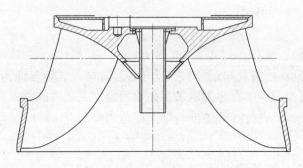

图 1.1-3

④提高转轮结构设计和材料适应档次,保证核心部件的抗磨水平。水轮机转轮采用钢板模压焊接结构。叶片采用精炼不锈钢板00Cr13Ni5Mo(水电板)模压、采用五轴数控加工,上冠与下环采用VOD精炼不锈钢工艺铸造,采用数控加工;转轮上下止漏环采用不锈钢板00Cr13Ni5Mo(水电板)制造,方便更换和检修。

⑤底环与转轮下环进口结合位置采用“盖帽”结构(见图1.1-4),即底环过流面将转轮下环平面遮盖住,避免间隙气蚀和泥沙进入下环间隙和直接冲击下环平面与间隙带来的破坏,该结构在我国新疆等多泥沙电站的水轮机结构中广泛采用,使用效果很好。

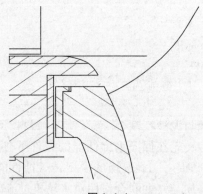

图 1.1-4

⑥转轮上冠间隙密封后采用泵板结构(见图1.1-5),保证降低进入主轴密封的水质含沙量和漏水量,做到正常运行基本无漏水,且为在密封位置的主轴设置不锈钢护套,可做到对主轴和密封没有破坏。

⑦对顶盖应进行有限元分析,确保顶盖刚度,保证导叶端面间隙可靠,以减小间隙气蚀破坏和泥沙磨损。

⑧导叶端面采用黄铜条密封结构(见图1.1-6),保证间隙密封可靠,减小间隙气蚀和泥沙磨损。

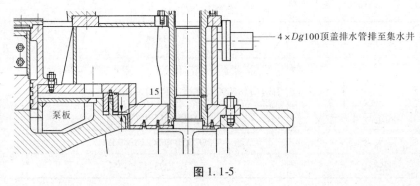

图 1.1-5

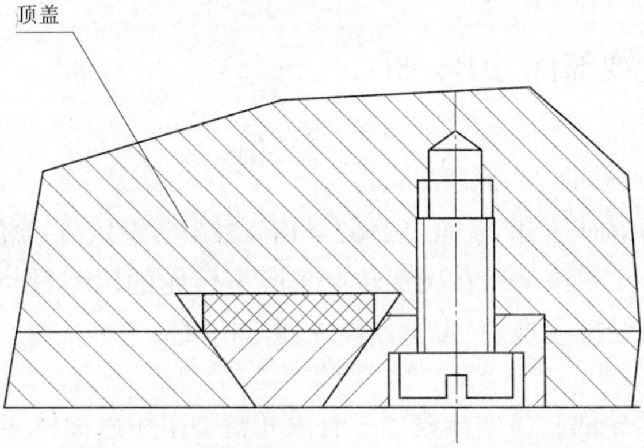

图 1.1-6

⑨顶盖、底环的抗磨板采用不锈钢 00Cr13Ni5Mo（水电板）材料,增强耐磨性能,延长大修周期。止漏环采用 1Cr18Ni9Ti。

⑩提高制造工艺质量,重点监控过流部件表面焊缝质量和加工粗糙度,防止局部气蚀产生,减少磨损破坏。

⑪过流部件容易发生磨蚀的部位采用的材料、表面粗糙度及硬度要求见表 1.1-7。

表 1.1-7　过流部件容易发生磨蚀的部位采用的材料、表面粗糙度及硬度要求

项目		材料	表面粗糙度 R_a（μm）
转轮	叶片	叶片采用精炼不锈钢板 00Cr13Ni5Mo（水电板）模压、采用五轴数控加工,上冠与下环采用 VOD 精炼不锈钢工艺铸造,采用数控加工;叶片硬度 HB240～HB290。上、下止漏环采用不锈钢板 00Cr13Ni5Mo（水电板）	1.6
	叶片根部焊缝		3.2
	下环及止漏环		3.2
	上冠及止漏环		3.2
导叶	上、下端面及立面密封面	导叶 ZG06Cr13Ni4Mo,整体铸造,硬度 HB280	3.2
	其他立面		6.3

项目		材料	表面粗糙度 $R_a(\mu m)$
顶盖	抗磨板及止漏环	抗磨板采用 00Cr13Ni5Mo(水电板),止漏环采用 1Cr18Ni9Ti,硬度 HB200～HB240	3.2
底环			3.2
座环	固定导叶及环板	Q345C、Q345C(Z15)	12.5
	尾水管	Q235B + 1Cr18Ni9Ti	25
	蜗壳	Q345C	25

1.1.7 水轮机主要部件力学分析

1.1.7.1 转轮

1)概述

对刚果(金)ZONGO Ⅱ 电站 HLJF2062 – LJ – 285 型水轮机转轮的设计进行有限元静力学分析,目的在于求出该转轮在飞逸转速工况下转轮的位移量与应力分布,优化结构,使该构件安全可靠,经济合理,并为设计提供理论依据。

2)模型的建立

(1)分析采用转轮的整体实体模型。有限元模型采用六面体实体单元。

(2)设材料为各向同性;弹性模数 $E = 2.068 \times 10^5$ MPa;泊松比 $\nu = 0.29$;密度 $\gamma = 7\ 820$ kg/m³;设计参考温度为:21.85 ℃。

3)机组参数

最大水头:$H_{max} = 114.6$ m;

额定水头:$H_r = 105$ m;

额定流量:$Q_r = 53.5$ m³/s;

额定转速:$n_r = 250$ r/min;

飞逸转速:$n_p = 432$ r/min;

额定出力:$N = 51.28$ MW。

4)模型边界条件

(1)将设计提供的额定转速值和飞逸转速值分别施加于整个转轮。

(2)对上冠与主轴连接的法兰面进行全约束。

5)分析结果

转轮应力分析见表 1.1-8。

表 1.1-8 转轮应力分析

工况	最大应力值 σ_{vm}(MPa)	最大位移量 δ(mm)
额定	106	1.415
飞逸	194	3.331

6）结论

从以上分析结果可知:转轮叶片所选用材料为 ZG00Cr13Ni4Mo 不锈钢,其屈服强度 σ_s 为 550 MPa。如取屈服强度的60%为许用应力,则其值为 330 MPa。从以上结果看,转轮在两种工况下均能可靠工作。

1.1.7.2 蜗壳和座环

1）目的

对刚果(金)ZONGO Ⅱ 电站 HLJF2062 - LJ - 285 型水轮机蜗壳(含座环)设计方案进行有限元静力学分析。分析计算水轮机蜗壳、座环在额定工况、升压工况时的应力与位移情况,为机组安全稳定运行提供理论依据。

由于蜗壳(含座环,以下简称蜗壳)是一个形状奇特的非对称体,为使计算结果更接近实际情况,采用了整体模型。

2）边界条件

（1）载荷数据。

额定工况:105 m(1.057 MPa 静压力)。

升压工况:150 m(1.5 MPa 静压力)。

（2）约束条件。

对座环的下环板底面进行全约束,对进水直锥管进口端周边进行全约束。

3）分析结果

分析结果见表 1.1-9。

表 1.1-9　蜗壳和座坏应力分析

工况	座环		壳体	
	最大应力值 σ_{vm}（MPa）	最大位移 δ（mm）	最大应力值 σ_{vm}（MPa）	最大位移值 δ（mm）
额定	229	1.04	130	1.85
升压	327（局部应力集中）	1.51	184	2.72

4）结论

以上分析结果显示,用材料 Q345C,其屈服强度为 345 MPa,能满足强度要求。

1.1.7.3 顶盖

对刚果(金)ZONGO Ⅱ 电站 HLJF2062 - LJ - 285 型水轮机顶盖设计方案进行有限元静力分析,旨在分析计算水轮机顶盖在额定工况、升压工况时的应力与位移情况,为机组安全稳定运行提供理论依据。

采用30°夹角的局部模型。水平环形板采用线性四面体实体单元,筒与肋板采用线性四边形薄壳单元。

1）边界条件

（1）载荷数据。

额定工况:105 m(1.05 MPa 静压力);

升压工况:150 m(1.5 MPa 静压力)。

（2）约束条件。

夹角两侧面采用周期性对称约束,对顶盖与座环的连接法兰面进行固定。

2）分析结果

（1）正常工况。

最大应力:$\sigma_{vm} = 99.1$ MPa;

最大位移量:$\delta = 0.738$ mm;

最大应力值即应力集中出现在顶盖连接法兰的内侧。

（2）升压工况。

最大应力:$\sigma_{vm} = 14.5$ MPa;

最大位移量:$\delta = 0.044$ mm;

最大应力值即应力集中亦出现在顶盖连接法兰的内侧。

3）结论

从以上分析结果中可以看出,额定和升压两个工况均能满足设计强度要求。

1.1.8 主机结构设计的问题

1.1.8.1 水轮机结构

常规混流式机组结构,要求:

（1）水轮机转轮整体采用抗空蚀、抗磨损并具有良好焊接性能的 VOD 精炼不锈钢材料制造（材料的材质、性能不低于 0Cr13Ni4Mo）。该材料应在常温下可焊接,并不需要进行焊接后热处理,以保证在机坑内能对转轮进行局部补焊。

（2）主轴工作密封的设计,能在水轮机不排水和不拆除水轮机导轴承的情况下更换密封件。

（3）主轴工作密封型式采用无接触泵板密封,无须外接润滑水,泵板密封结构设计和材质的选择应抗泥沙磨损。

（4）为了在机组不排水的情况下更换工作密封,在工作密封下方设置主轴检修密封。主轴检修密封采用压缩空气充气橡胶围带结构形式。

（5）尾水管的直锥管上与转轮对应位置的里衬材料选用 0Cr13Ni4Mo 的不锈钢材料,弯肘管里衬用普通碳素钢制造。应具有足够的强度和刚度,外壁应配有足够的和水流方向垂直的横向加强筋,以及安装用的拉筋、支撑等。

（6）补气装置。

为了保证水轮机在导叶部分开启状态下稳定运行,水轮机应设置主轴中心孔自然补气系统,该系统应能自动开启和关闭。

1.1.8.2 发电机结构

ZONGO Ⅱ发电机采用常规悬式结构,由于刚果（金）方业主担心油槽内油的冷却因采用水循环漏水到油中产生油混水,刚果（金）方要求在轴承油槽外设置水/油热量交换器,从而形成冷循环。

外置冷却器的设计参数和运行原理（见图 1.1-7）如下:

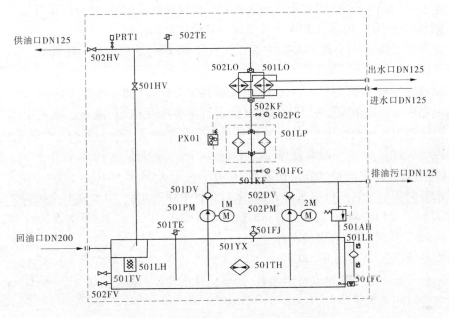

图 1.1-7 发电机油外置冷却器原理图

由低压油泵(501PM、502PM)的吸油管将润滑油从油箱内吸出,送入清除机械杂质的双筒网式过滤器(501LP)的一个过滤筒(另一个为备用)、经过滤后油液沿管路送到冷油器(501LQ)进行降温,达到润滑系统所要求油温的润滑油,再输送到被润滑部位,润滑油在摩擦表面形成一层油膜,使相对运动的运动副得到润滑和降温,并带走运动副间磨损的金属微粒后,再流经油箱上的磁性过滤装置回到油箱,然后由油泵抽出,不间断地、循环地保证润滑工作正常进行。

在启动前,油站油温低于 10 ℃,先开动电加热器(501TH),油温到 25 ℃时,停止电加热器,油温高于 10 ℃后可启动低压油泵,在主机正常运行中,低压供油出口温度达到35 ℃时,打开油冷却器(501LQ、502LQ),油箱油温高于 55 ℃时,主机应停车并报警。

当低压泵启动后,应使润滑油在低压供油系统中循环 5 min 以上,再提供给主机润滑。

主机停机后,稀油站应延续运行一段时间才能停机,由延时继电器控制或手动停机,其延时时间可根据主机的惯性运动特性及现场具体情况确定。

电加热器装在保护套管内,为不接触式,不结炭,更换方便。

低压油系统设有双筒过滤器(501LP),一筒工作,一筒备用。当过滤压差超过 0.08 MPa 时,由压差控制器发讯,不停机由手动扳动切换阀手柄更换工作筒。

回油磁过滤器能吸附油中钢铁细粒,保证油的清洁度。

油箱上装有油位信号器,最高、最低时发出报警讯号,最低油位时由人工补油。

1.1.9 附属设备及辅机系统设计

1.1.9.1 调速设备及调节保证

本电站在电力系统中虽担任基荷任务,但当地电网的稳定性较差,本电站机组容量占系统工作容量的比重较大,因此要求调速器应具有较高的灵敏度、良好的运行稳定性和过渡过程调节品质,故选用具有 PID 调节规律的微机电液调速器。

调速器型号为 WDT – 80 – 4.0,主配压阀直径 80 mm,油压等级 4.0 MPa。

过速保护装置型号:TURAB。

油压装置型号:HYZ – 1.6 – 4.0,压力油罐容积 1.6 m³,油压等级 4.0 MPa。

本电站水头范围 104.2 ~ 114.6 m,电站运行水头变化很小,电站在电网中承担基荷运行。由于当地电网的稳定性较差,本电站机组容量占系统工作容量的比重较大,按规范要求过渡过程计算最大转速升高率 β_{max} 不超过 50%,蜗壳最大压力上升率 ξ_{max} 不超过 30%,尾水管进口断面的最大真空保证值 H_v 应不大于 0.08 MPa。

引水隧洞采用一洞三机引水方式,取水口布置于坝前左侧,引水隧洞全长约 2 525 m,洞径为 7.5 ~ 9.24 m,调压井高约 69 m,直径 18 m;调压井后压力钢管主管长约 280 m,直径 6.6 m,支管长约 190 m,直径 4 m。

引水系统的 ΣLV 值为 9 200 m²/s,引水系统水流惯性时间常数 $T_w = 8.95$ s。

根据初步选定的水轮发电机组参数,初步估算水轮发电机组 $GD^2 = 2\,400$ t·m²,此时的机组惯性时间常数 $T_a = 8.01$ s。

结合电网资料及水工专业初步确定的输水线路布置,针对三台机组甩额定负荷的过渡过程进行初步计算和分析。

对分段关闭规律进行了比较计算,ZONGO Ⅱ 水电站调节保证计算结果及分析详见第 5 章。

1.1.9.2 双密封进水蝶阀

ZONGO Ⅱ 水电站采用一管三机的引水方式,为保证水轮发电机组的安全运行和单台机组的检修需要,在每台水轮机进口处设置主阀,主要用于:

(1)保证水轮机在事故情况下,在动水中紧急关闭阀门,截断水流,防止事故扩大。

(2)机组较长时间停机时截断水流,以减少导叶漏水及因漏水造成的间隙气蚀损坏,还可避免机组长期运行后,因导叶漏水量增大而不能停机的问题。

(3)停机检查或检修某台水轮机时,应在动水中关闭相应阀门,截断水流。

考虑应用水头,阀门选择双密封蝶阀,具备在线更换密封和一旦水轮机导叶因故不能关闭情况下可动水安全截断水流的功能。

根据水轮机蜗壳进口直径 $D = 2.9 ~ 3.1$ m,计算蝶阀直径为 3.8 m。根据电站的运行水头,蝶阀的最大净水头不超过 114.6 m,考虑机组甩负荷过渡过程水击压力升高,以最大升压水头不超过 149 m 确定蝶阀的公称压力,因此进水蝶阀的公称压力为 1.6 MPa,液压系统选用蓄能罐式油压操作。

进水蝶阀采用卧式布置,采用液压开启、关闭,液压源由蝶阀本身配备的油压装置供给。为方便进水蝶阀的安装与调整,在进水蝶阀的下游侧设置一个伸缩节。蝶阀的上、下游侧分别与压力钢管和伸缩节法兰连接。蝶阀及接力器均放置在混凝土基础上,采用地脚螺栓固定。

进水蝶阀为双密封蝶阀,该阀设有主密封副和检修密封副。正常工作时仅主密封副投入使用,当主密封检修时检修密封副投入使用,此时,无须排空压力钢管或拆卸阀体便可进行检修、更换主密封副和轴颈密封等工作。

正常情况下,进水阀在导叶全关状态下开关,紧急情况下,进水阀可在导叶开启状态下动水关闭。开阀、关阀时间应在 60～120 s 可调。

进水阀能手动和自动操作,可在现地和远方监控。

根据刚果(金)电力公司的意见,为了增加机组检修时的安全性,在调压井后引水压力钢管变成三根岔管后,在每根岔管首部加设一台蝶阀,蝶阀直径 4.0 m,公称压力为 1.0 MPa。

1.1.9.3 起重设备

1)主厂房起重设备

本电站的最重起吊件为发电机转子带轴,重约 186 t,另考虑吊具重量,因此电站主厂房设一台 200 t/50 t/10 t 的单小车桥式起重机作为厂房内机电设备卸货、吊运和安装的工具,桥机跨度为 20.5 m。

额定起重量(t):主钩 200;

副钩 50;

起升高度(m):主钩 35;

副钩 30;

速度(m/min):主钩 0.15～1.5;

空钩 0.5～5;

副钩 0.5～5。

注:主、副钩提升及下降速度均采用无级调速。

大车运行速度(m/min):25;

小车运行速度(m/min):15;

主钩起降点动控制精度(mm/次):≤1。

2)首部阀门室起重设备

首部阀门室配三台蝶阀,阀门的最大起重件重量约为 70 t,阀室内安装一台额定起重量为 75 t/20 t 的单小车桥式起重机作为阀门室内设备卸货、吊运和安装的工具,桥机跨度为 9 m。

3)GIS 室起重设备

220 kV GIS 室设一台电动单梁起重机,用于设备的安装、检修起吊,起重量 10 t,跨度 12.5 m,起吊高度 9.5 m。

70 kV GIS 室设一台电动单梁起重机,用于设备的安装、检修起吊,起重量 10 t,跨度 12.5 m,起吊高度 9.5 m。

1.1.9.4 技术供水系统

(1)技术供水系统主要供发电机空气冷却器、机组各轴承油冷却器等用水。单台机组各部位冷却用水量见表 1.1-10。

(2)技术供水总体设计。

ZONGO Ⅱ 水电站的工作水头为 104.2～114.6 m,清水期水质较好,根据现有工程的设计经验和已建成电站的运行经验,由于河水在雨季(每年 10 月到次年 5 月共 8 个月)泥沙含量较高,不能用于机组技术供水,因此根据各用水部位对水质、水压的不同要求,雨季含沙量较高时,采用经过沉沙处理的水作为技术供水主水源供给本电站的技术供水系统。

表 1.1-10　单台机组各部位冷却用水量

用水部位	水量(m^3/h)
发电机空气冷却器	280
发电机轴承油冷却器	152
水轮机导轴承油冷却器	15
每台机组总冷却水量	447

旱季(每年6月到9月共4个月)水质为清水时,采用自流减压并通过配有旋流器的自动滤水器过滤后供给机组的供水方式。选择4台自动旋流滤水机,3台工作,1台备用。参数为 $Q=530\ m^3/h,N=0.75\ kW$。

水轮发电机组主轴密封结构采用泵板密封形式,无须外接润滑水,故技术供水系统不考虑其供水问题。

技术供水系统主要设备见表1.1-11。

表 1.1-11　技术供水系统主要设备

名称	型号规格	单位	数量	说明
电动旋流滤水器	$Q=530\ m^3/h,P=1.6\ MPa,N=0.75\ kW$	台	4	带旋流器、电控柜
减压稳压阀	DN300,PN1.6 MPa	台	3	
泄压安全阀	DN250,PN1.6 MPa	台	3	

这里需要指出的是,引水径流式水电站在不设置沉沙池的情况下,在汛期过机含沙量都比较高,此时作为技术供水水源显然是不行的,为此 ZONGO Ⅱ 水电站的技术供水备用水源采用经过沉沙处理的水作为技术供水主水源供给本电站的技术供水系统。

而在河流水温比较低的地方可以采用尾水循环冷却的办法解决汛期技术供水的问题(因为 ZONGO Ⅱ 所处的热带地区河水水温较高,这种方法显然是不行的)。

新疆库玛拉克河塔尕克一级水电站采用尾水循环冷却的方法,具体情况如下:

新疆库玛拉克河塔尕克一级水电站位于新疆维吾尔自治区阿克苏地区境内,是阿克苏河支流库玛拉克河东岸总干渠上的径流式水电站,由于电站处于山区植被较差,在汛期遇中、强降雨时,大量泥石流进入库玛拉克河,河水挟带泥沙杂草,水质太差,无法直接作为技术供水水源,当地地下水资源紧缺,靠打井解决不了大量的技术供水问题,在汛期时水轮发电机组的冷却技术供水如果采用从压力钢管或前池取水的方式,必将造成滤水器和机组冷却器淤堵,不仅达不到机组冷却的目的,相反地需要频繁停机,检修滤水器和机组冷却器,大大影响机组发电和电站效益。

如果采用除污、除草和除沙处理的清水作为冷却水源,就要建设一个日处理能力达1.9万t的水处理厂,该水处理厂不仅具有除草、除污能力,而且具备除沙能力,成本极高,按沉淀净化处理的水厂投资约为670万元。

采用循环水池及外置的尾水冷却器二次循环冷却的方式——在厂房安装间底部建造一个 110 m³ 的循环水池,采用水泵从循环水池取水,采用尾水冷却器将机组热量带走,机组运行不再受冷却水质影响,由于循环水质较好,也防止了泥沙对机组各冷却器的磨损、淤堵、结垢、生长水生物,减轻了检修工作量,延长机组寿命,从经济的角度看即节省了水厂投资(670 万元),按多年平均发电量 2.739 亿 kWh 计算(机组每发 1 kWh 电耗水量约为 0.010 6 t),可节省用水 291 万 t,节省水费 100 万元,节省的水还可以用来多发电,产生的电能效益每年也有几十万元。

该方案解决了汛期无清水水源供给技术供水的难题,减少了投资及运行费用,响应了国家节能减排的号召,既环保又安全。

1.1.9.5 排水系统

电站排水系统由检修排水系统和渗漏排水系统组成。

电站检修排水系统用于排除机组检修时蝶阀后流道内积水和上游蝶阀、下游闸门的漏水,检修排水采用间接排水方式。检修排水不设集水井,机组流道内的积水通过盘型阀排至检修排水廊道,然后由水泵直接抽排至下游尾水。

考虑到管道的维护和检修,检修排水泵出水管的高程暂定为 243.0 m。

经过计算,在进水主阀和尾水闸门间的流道积水容积约为 334 m³,主阀采用液控蝶阀,其渗漏水量为 1.5 m³/h,下游闸门漏水量约为 131.7 m³/h(2.0 L/(s·m))。取排水时间为 4 h,选取 2 台干式潜水泵(参数为 $Q = 150$ m³/h,$H = 22$ m,$N = 18.5$ kW),初始排水时,打开尾水管盘型阀,2 台水泵同时工作,将流道积水排至下游 243.0 m 高程。初始排水完成后,检修排水泵的运行改为由压力变送器自动控制运行,此时自吸泵 1 台工作,1 台备用,自动排除上游蝶阀、下游闸门的漏水。

检修排水泵房地面高程为 226.5 m。

检修排水泵房设集水坑,将检修排水泵房内的渗漏水排至渗漏集水井。采用 2 台潜水清污泵,1 台工作,1 台备用(水泵参数:$Q = 7.0$ m³/h,$H = 7$ m,$N = 0.75$ kW)。

厂内渗漏排水包括厂房渗漏排水、机组顶盖机坑等排水、辅助设备检修放水、厂房及发电机消防排水、各阀门管件的滴漏水等。

厂内上、下游设有 DN250 渗漏排水总管与厂内渗漏集水井连通,渗漏排水总管的高程可以满足各部分自流排水的要求,各部分的排水分别由支管引至总管,再排至集水井。渗漏排水总量按照 8.21 m³/h 考虑。根据水工体形,初定渗漏集水井井底高程为 228.3 m,停泵水位为 229.5 m。根据上述集水井水位,集水井有效容积为 $V = 4 \times 4 \times 3 = 48$(m³),可汇集约 5.85 h 厂内渗漏水量,选择 3 台潜水排污泵(参数为 $Q = 140$ m³/h,$H = 18$ m,$N = 15$ kW),常规情况下,1 台工作,2 台备用,并定期自动轮换,将渗漏水排至下游尾水 244.5 m 高程。排水泵的启停由水位计控制自动运行。

如遇特殊情况需事故排水时,紧急启动 2 台或全部 3 台泵排水。

集水井采用移动式潜水排污泵进行清污(参数为 $Q = 15$ m³/h,$H = 22$ m,$N = 2.2$ kW)。

渗漏排水泵房地面高程为 234.3 m,集水井底板高程为 226.5 m。

检修及渗漏排水系统主要设备见表 1.1-12。

表 1.1-12　检修及渗漏排水系统主要设备

名称	型号规格	单位	数量	说明
干式潜水泵	$Q=150\ \mathrm{m^3/h}, H=22\ \mathrm{m}, N=18.5\ \mathrm{kW}$	台	2	
潜水排污泵	$Q=140\ \mathrm{m^3/h}, H=18\ \mathrm{m}, N=15\ \mathrm{kW}$	台	3	
潜水排污泵	$Q=15\ \mathrm{m^3/h}, H=22\ \mathrm{m}, N=2.2\ \mathrm{kW}$	台	1	
潜水排污泵	$Q=7\ \mathrm{m^3/h}, H=7\ \mathrm{m}, N=0.75\ \mathrm{kW}$	台	2	带浮球开关及控制箱
水力控制阀	DN150,PN0.6 MPa	台	2	

1.1.9.6　压缩空气系统

压缩空气系统包括中压压缩空气系统和低压压缩空气系统。

1）中压压缩空气系统

本系统为调速器油压装置供气。机组油压装置型号为 HYZ – 1.6 – 4.0,压力油罐容积为 1.6 $\mathrm{m^3}$,工作压力为 4.0 MPa,系统采用一级压力供气方式,设计压力为 4.5 MPa。经计算,系统设 2 台排气量为 0.92 $\mathrm{m^3/h}$ 的空压机、1 台排气量为 2.0 $\mathrm{m^3/h}$ 的冷冻式干燥机及 1 个 2 $\mathrm{m^3}$ 的储气罐,额定压力均为 4.5 MPa。空压机的启停由供气管路上的电接点压力表自动控制。供气主管上设置压力变送器,用于中控室实时监视油压装置供气管路压力。

2）低压压缩空气系统

本系统用于机组制动用气、检修密封用气和检修吹扫用气。

每台发电机制动用气量初步按照 5 L/s 考虑,考虑当地电网情况,制动用气量按 3 台机组同时制动停机考虑。系统设计压力为 0.8 MPa,经计算,系统设 2 台排气量为 2.0 $\mathrm{m^3/h}$ 的空压机,2 个 4 $\mathrm{m^3}$ 的制动气罐,1 个 1 $\mathrm{m^3}$ 的检修气罐,额定压力均为 0.8 MPa。制动气罐和检修气罐通过止回阀连通,可以实现检修气罐向制动气罐的单向补气,保证制动用气的可靠性。空压机的启停由供气管路上的电接点压力表自动控制。制动供气管路上设置压力变送器,用于中控室实时监视制动供气管路压力。

ZONGO Ⅱ水电站中压、低压气系统主要设备见表 1.1-13。

表 1.1-13　ZONGO Ⅱ水电站中压、低压气系统主要设备

名称	型号规格	单位	数量
中压空压机	$Q=0.92\ \mathrm{m^3/min}, \mathrm{PN}4.5\ \mathrm{MPa}, N=11\ \mathrm{kW}$	台	2
储气罐	2.0 $\mathrm{m^3}$, PN4.5 MPa	个	1
冷冻式干燥机	$Q=2.0\ \mathrm{m^3/min}, \mathrm{PN}4.5\ \mathrm{MPa}, N=1.0\ \mathrm{kW}$	台	1
气体过滤器	$Q=2.0\ \mathrm{m^3/min}, \mathrm{PN}4.5\ \mathrm{MPa}, \leqslant 0.01\ \mu\mathrm{m}, \leqslant 0.008\times10^{-6}$	台	2
低压空压机	$Q=2.0\ \mathrm{m^3/min}, \mathrm{PN}0.8\ \mathrm{MPa}, N=18\ \mathrm{kW}$	台	2
移动式空压机	$Q=1.08\ \mathrm{m^3/min}, \mathrm{PN}1.45\ \mathrm{MPa}, N=11\ \mathrm{kW}$	台	1
储气罐	4.0 $\mathrm{m^3}$, PN0.8 MPa	个	2
储气罐	1.0 $\mathrm{m^3}$, PN0.8 MPa	个	1

1.1.9.7 油系统

油系统包括透平油系统和绝缘油系统。

1) 透平油系统

本系统主要用于机组润滑和调速系统操作用油。经估算，一台机组最大用油量约为 9.2 m³，按照 1.1 倍最大用油量选用 1 个 12 m³ 净油罐、1 个 12 m³ 运行油罐。另配套选用流量为 50 L/min、压力为 0.33 MPa 的齿轮油泵各 2 台，流量为 50 L/min 的精密过滤机 1 台，流量为 50 L/min 的透平油过滤机 1 台和 0.5 m³ 的移动加油车等油处理设备 1 套，透平油牌号为 L-TSA46 汽轮机油。

所有油处理设备均为移动式，可通过软管连接在油处理室或机旁进行滤油。油处理室及机组润滑油充、排油管均采用快速接头。

2) 绝缘油系统

绝缘油系统的供油对象主要为主变压器，考虑到主变压器大修周期较长，正常情况下可以利用移动式油净化过滤设备实现主变压器旁在线净化，不再设置绝缘油储油设备，只设置油处理设备。

单台主变压器最大用油量约为 26.5 m³，选用 2 台流量为 75 L/min、压力为 0.33 MPa 的齿轮油泵、1 台流量为 50 L/min 的精密过滤机和 1 台流量为 50 L/min 的真空净油机等油处理设备，绝缘油牌号推荐为 25#。

所有油处理设备均为移动式，可通过软管连接在油处理室或主变旁进行滤油。油处理室及主变压器用油充、排油管均采用快速接头。

ZONGO Ⅱ 水电站透平油、绝缘油系统主要设备见表 1.1-14。

表 1.1-14 ZONGO Ⅱ 水电站透平油、绝缘油系统主要设备

名称	型号规格	单位	数量	说明
精密过滤机	$Q=3 \text{ m}^3/\text{h}, P<0.5 \text{ MPa}, N=1.5 \text{ kW}$	台	1	透平油
透平油过滤机	$Q=3 \text{ m}^3/\text{h}, P<0.5 \text{ MPa}, N=32.6 \text{ kW}$	台	1	透平油
齿轮油泵	$Q=3 \text{ m}^3/\text{h}, P<0.5 \text{ MPa}, N=1.1 \text{ kW}$	台	2	透平油
透平油油罐	12 m³	个	2	透平油
移动式加油车	0.5 m³	辆	1	透平油带油泵
精密过滤机	$Q=3 \text{ m}^3/\text{h}, P<0.5 \text{ MPa}, N=1.5 \text{ kW}$	台	1	绝缘油
真空净油机	$Q=3 \text{ m}^3/\text{h}, P<0.5 \text{ MPa}, N=32.6 \text{ kW}$	台	1	绝缘油
齿轮油泵	$Q=4.5 \text{ m}^3/\text{h}, P<0.33 \text{ MPa}, N=2.2 \text{ kW}$	台	2	绝缘油
移动式加油车	1.0 m³	辆	1	绝缘油带油泵

1.1.9.8 主要机电设备消防

根据《自动喷水灭火系统设计规范》(GBJ 84—1985)、《电力设备典型消防规程》(DL 5027—2005)、《水喷雾灭火系统设计规范》(报批稿)、《水利水电工程设计防火规范》(SD J278—1990)等的规定及厂家建议，本电站 3 台单机容量为 5 万 kW 的混流式水

轮发电机组采用固定式水喷雾灭火系统。

1.1.9.9 水力量测系统

电站按常规设置全厂和机组段测量项目。

1）全厂性量测项目、仪器仪表

（1）上游水位：采用投入式液位变送器。

（2）下游水位：采用投入式液位变送器。

（3）电站毛水头：采用计算机计算。

（4）拦污栅后水位：采用投入式液位变送器。

（5）拦污栅前、后压差：采用计算机计算。

2）机组段量测项目、仪器仪表

（1）过机含沙量：含沙量测量仪。

（2）机组技术供水进口侧水温：采用温度变送器。

（3）机组冷却用水总量：采用电磁流量计。

（4）蜗壳进口压力：采用带显示压力变送器。

（5）蜗壳末端压力：采用带显示压力变送器。

（6）蜗壳差压测流：采用差压变送器。

（7）尾水管进口压力真空：采用带显示压力变送器。

（8）尾水管压力脉动：采用带显示压力变送器。

（9）尾水管出口压力：采用带显示压力变送器。

（10）水轮机净水头：采用差压变送器。

（11）过机流量：采用超声波流量计。

（12）机组振动、摆度：采用振动、摆度监测仪及诊断分析系统。

全厂性量测项目中的上游水位，拦污栅后水位，拦污栅前、后压差在上游大坝水力量测盘上显示，通过光纤传输送至中控室，其他全厂性量测项目直接传至中控室。

机组段量测项目及机组振动、摆度及主轴摆度在机旁测量仪表柜上集中显示并上传至中控室，量测盘布置在发电机层，盘面设有以下数字显示：过机含沙量、机组技术供水进口侧水温、机组冷却用水总量、蜗壳进口压力、蜗壳末端压力、蜗壳差压测流、尾水管进口压力真空、尾水管压力脉动、尾水管出口压力、水轮机净水头、水轮机过机流量、顶盖压力及机组振动、摆度、主轴摆度、主轴蠕动测量等。

ZONGO Ⅱ水电站水力量测系统（公用部分）主要设备见表1.1-15。

表 1.1-15　ZONGO Ⅱ水电站水力量测系统（公用部分）主要设备

名称	型号规格	单位	数量
投入式水位变送器	0～10 m	套	3
温度变送器	0～10 m	套	1
超声波流量计	五声道	套	3
机组含沙量测量仪		套	3

1.1.9.10 主要设备布置

ZONGO Ⅱ电站为引水式,主厂房包括机组段、安装场等几部分。水轮发电机组布置在机组段内,安装场用于机组安装和检修时放置水轮机转轮、顶盖、发电机转子、上机架等部件。

主厂房机组中心距为 14 m。

厂房上游侧安装液控蝶阀,厂房上游侧距轨道中心线 12 m,下游侧距轨道中心线 8.5 m,桥机跨度为 20.5 m。

电站设置一个安装场,在厂房右端,长 21 m,可满足发电机转子、发电机上机架、水轮机转轮、水轮机顶盖等安装检修要求,由于防洪需要,安装场与发电机层应不同高程。

经计算确定:1#机组中心线距安装场右端为 8 m,3#机组中心线距墙边为 10 m。

主厂房总长度净长为 70 m。

经计算电站安装高程为 237 m,尾水管底板高程为 227.88 m,水轮机层地面高程为 240.0 m,根据水轮发电机组的尺寸、水轮机机坑进人门高度,确定发电机层地面高程为 247.5 m,为满足防洪要求,安装场地面高程由水工专业确定为 256.2 m,根据最大件转子联轴的起吊高度要求,确定轨顶高程为 267.2 m。

透平油油罐室设在厂房内安装场下层,室内地面高程为 247.5 m,透平油油罐室与油处理设备分开设置。

空气压缩机、储气罐室布置在透平油处理室下层,室内地面高程为 240.0 m。

供水系统设备布置在油处理室下方 234.3 m 高程的技术供水室内,渗漏排水泵房布置在空压机室下面,高程为 234.3 m,检修排水泵房布置在渗漏排水泵房下部,高程 226.5 m,机修间等均布置在安装间下层上游侧。

主厂房在各机组第一象限设蝶阀吊物孔,尺寸为 5 m×3.5 m,安装场设置一个吊物孔,尺寸为 3 m×3 m,该吊物孔直通技术供水泵房,这些吊物孔能保证各层设备顺利搬运。每台机组主阀液压站布置在水轮机层。

1.1.9.11 大件设备运输

在国内,铁路和公路运输按铁路隧洞的二级超限尺寸限制,经对电站所选设备的尺寸和重量进行研究,刚果(金)ZONGO Ⅱ水电站水轮机转轮尺寸和重量均小于铁路标准运输要求,可采用整体运输方案。

座环采用分瓣运输,现场组装方案。

发电机转子带轴带磁轭运输超重、超宽需分开运输,转子连轴热套运至工地在现场磁轭迭片并挂装磁极。

发电机定子机座外径为 7 000 mm,采用分 2 瓣方式运输到工地,在工地进行现场合缝组装并下合缝线。

其他设备的外形尺寸和重量都在国内运输允许条件内。

从国内至刚果(金)的运输采用海运。

1.2 灯泡贯流式电站主机选型及水力机械系统设计

本节以沙坡头水利枢纽电站水力机械设计为例,介绍灯泡贯流机组主机选型及水力机械系统设计。

沙坡头水利枢纽位于宁夏回族自治区中卫县境内的黄河干流上,距自治区首府银川200 km,距中卫县县城20 km。其上游12.1 km处为拟建的大柳树水利枢纽,下游122 km处为青铜峡水利枢纽。沙坡头水利枢纽工程是以灌溉、发电为主的综合利用工程,50年代初期"黄河综合利用规划技术报告"中就被确定为黄河上游的梯级开发之一。

本枢纽工程是一项以灌溉、发电为主的综合利用工程。其任务是将卫宁灌区无坝引水改为有坝引水,改善和发展灌溉,同时开发河段的水能资源,提供电力电量。

本工程河床电站以发电为主,装机4台,总装机容量为116 MW,单机容量为29 MW,保证出力51 MW,多年平均发电量5.95亿kWh,机组年利用小时数5 129 h。

本工程南、北干渠渠首电站以灌溉为主。北干渠渠首电站在黄河左岸,与河床电站同一个厂房,担负的灌区为美丽渠灌区、跃进渠灌区,电站装机1台,容量为3.1 MW,机组年利用小时数2 942 h,年灌溉天数161 d。南干渠渠首电站在黄河的右岸,独立厂房,担负的灌区近期为角渠灌区、寿渠灌区,远期为角渠灌区、寿渠灌区和七星渠灌区,电站装机容量2.4 MW,近期装机1.2 MW的机组1台,机组年利用小时数1 667 h,年灌溉天数161 d。

1.2.1 电站基本概况

1.2.1.1 电站任务及机组运行要求

沙坡头水利枢纽河床电站是黄河干流规划中的一个梯级电站,以发电为主。提供电力电量,缓解该地区用电的供需矛盾。机组运行在电网中主要承担基荷,根据需要可短期调峰,每天调峰时间约1 h。

1.2.1.2 发电效益

电站总装机容量116 MW;

保证出力51 MW;

多年平均发电量5.95亿kWh;

年利用小时5 129 h;

保证年各月日平均出力见表1.2-1。

1.2.1.3 水库特征

1)水库特征水位

正常蓄水位:1 240.5 m;

校核洪水位:1 240.8 m,$P=0.2\%$;

设计洪水位:1 240.5 m,$P=2\%$;

汛期限制水位:1 240.5 m;

死水位:1 236.5 m。

表 1.2-1　各月多年日平均流量、水流出力及机组运行台数

月份	7	8	9	10	11	12	1	2	3	4	5	6
日平均流量（m³/s）	1 098.8	1 362.1	1 363.8	1 054.9	894.7	707.70	612.1	630.3	663.9	738.8	944.5	1 042
日平均出力（MW）	86	88.7	96.5	82.4	58.7	60.2	53.1	54.6	57.1	62.1	75.8	81.6
机组运行台数	3	4	4	3	3	2	2	2	2	3	3	3

2）水库容积

正常蓄水位以下库容:0.111 1 亿 m³;

调节库容(正常蓄水位至死水位):0.093 8 万 m³;

死库容:0.017 3 亿 m³。

3）水库运用方式

沙坡头水利枢纽河床电站,基本为径流式电站,水库调节库容有限,因此水库的运行方式完全取决于上游来水情况,水库正常蓄水位 1 240.5 m,汛期仅在发生 500 年一遇校核洪水($Q = 7 480$ m³/s)时,水库水位抬升至 1 240.8 m,历时一天,电站水头 3.6 m。当 7 月下旬至 8 月上旬的主汛期,有大水大沙进入水库,含沙量大于 30 kg/m³ 时,电站停止发电,这时水库水位适当降低,如降至死水位,可泄洪排沙。

水库全年有 95% 的时间发电水头在 8.2 m 以上,其中非汛期水头一般为 8.97 ~ 10.32 m,汛期水头一般为 7.45 ~ 10.28 m,另有 2.5% 的时间发电水头在 5.9 m。

1.2.1.4　下游特征水位

设计洪水尾水位:1 236.1 m($Q = 6 550$ m³/s);

校核洪水尾水位:1 236.8 m($Q = 7 480$ m³/s,$P = 0.2\%$);

设计正常尾水位:1 231.45 m($Q = 1 504$ m³/s,4 台机满发);

最小流量尾水位:1 229.1 m($Q = 354$ m³/s)。

尾水位与流量关系曲线见图 1.2-1。

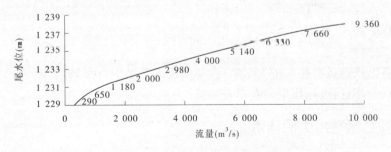

图 1.2-1　尾水位与流量关系曲线

1.2.1.5 下泄流量

设计洪水时最大下泄流量:6 550 m³/s;

校核洪水时最大下泄流量:7 480 m³/s;

发电最大下泄流量:1 504 m³/s;

最小下泄流量:354 m³/s。

1.2.1.6 特征水头

电站最大净水头:11.0 m;

电站最小净水头:5.9 m;

电站极限最小净水头:3.6 m;

电站加权平均净水头:9.5 m;

水轮机额定水头:8.7 m。

1.2.1.7 泥沙特性

实测多年平均输沙量:1.6 亿 t;

实测多年平均含沙量:5.44 kg/m³;

汛期平均含沙量:13.8 kg/m³。

泥沙主要成分是石英石及长石,泥沙中值粒径 0.024 9 mm,悬移质泥沙颗粒级配见表 1.2-2。

表 1.2-2 悬移质泥沙颗粒级配

粒径(mm)	0.007	0.01	0.025	0.05	0.10	0.25	0.5
小于某粒径百分数(%)	20.2	28.2	50	74	91.7	98.4	100

1.2.1.8 电站地区自然条件及河水温度

电站海拔高程:1 237.30 m;

坝址地区地震基本烈度:8 度;

多年平均气温:8.6 ℃;

日平均最高气温:37.6 ℃;

日平均最低气温:-29.2 ℃;

水的 pH 值:7.5~8.7;

河水最高水温:25.7 ℃;

河水最低水温:0 ℃。

1.2.1.9 电站对外交通

机组设备由铁路运至迎水桥火车站,在迎水桥火车站附近设转运站,转公路运输,运输距离 12 km 至坝址,进河床电站左岸安装场。

1.2.2 水轮机额定水头的选定

水轮机的额定水头,就是电站发出装机容量的净水头,该水头完全取决于径流发电的流量,不同的装机容量,其额定的径流发电流量不同。沙坡头水利枢纽河床电站装机容量的选择是根据电站的运行方式并参照径流式电站和不完全日调节调峰电站的要求来确定的。额定水头结合装机容量的比选以及年弃水天数确定为8.7 m。多年平均年弃水天数为32 d。根据国内外径流式电站额定水头的选择经验,以及实际径流式电站的运行应用情况。弃水天数按每年365天的5% ~10%来确定装机容量和额定水头,是比较经济合理的。

灯泡贯流机组额定水头的选取也可以通过经济、技术比较来实现,现以巴基斯坦某水电站为例进行分析。

巴基斯坦某水电站位于巴基斯坦境内印度河上,为低水头径流式电站,拟安装5台灯泡贯流式机组,承担发电、灌溉功能。电站任务是在电网中主要承担基荷。

电站总装机容量为120 MW。单机容量为24 MW,保证出力37.5 MW,多年平均发电量6.753亿kWh,机组年利用小时数为5 627 h。坝上正常蓄水位为136.2 m。

枢纽主要建筑物包括发电引水渠、河床式发电厂房、渠首控制闸、灌渠排沙渠控制闸、尾水渠及变电站等,该电站为径流式电站,水库调节库容有限,因此水库的运行方式完全取决于上游来水情况,水库正常蓄水位136.2 m。印度河的天然径流特点,不管是丰水年还是水平年、枯水年其汛期基本为4~5个月(5月下旬、6月、7月、8月、9月上旬、10月部分天数)水量丰沛,水平年水流出力可达到120~300 MW,在此时段基本是5台机组全部投入运行,以多发电能,其他月份根据天然来流量情况分别投入4台、3台、2台、1台机组运行。

1.2.2.1 下游特征水位

下游最高尾水位:133.80 m;

5台机组满发水位:129.84 m;

设计尾水位:127.41 m(1.5~2台机满发);

额定水头一台机组满发尾水出口水位:127.02 m($Q = 462.0$ m³/s,$H_r = 6.0$ m)。

1.2.2.2 特征水头

电站极限最大净水头:10 m;

电站最大净水头 H_{max}:9.2 m;

正常运行水头范围:4.0~8.0 m;

电站最小净水头 H_{min}:3.5 m;

电站加权平均净水头:6.42 m。

按照该水电站的水头变化范围,本工程可选择的水轮机为灯泡贯流式水轮机。水轮机的额定水头,就是电站发出装机容量的净水头。根据电站的径流特点,汛期6~9月份天然径流量占年径流量的68%,水流出力可达120~300 MW,因此在确定装机容量时,不同的额定水头可以得到不同的年发电量,所以进行额定水头的比选是十分必要的。引水径流式水电站水轮机的额定水头可在$(0.9 ~ 1.0)H_{pj}$水头范围内选择,最终按照水能利用(弃水天数、弃水量)及综合技术经济比较结果,确定本电站的最终额定水头值。初步拟定额定水头分别为6.2 m、6.0 m、5.8 m,以上三种额定水头对水轮发电机组进行选型和设计,经比选,$H_r = 6.0$ m时,机组性价比较优,故选定电站额定水头为6.0 m,平均弃水天数为120 d,但弃水电量与获取电量所花费投资相比较,水能得到较为合理的利用。根据国内外径流式电站额定水头的选择经验,以及实际径流式电站的运行应用情况及发电量与投资的综合比较,结合弃水天数来确定装机容量和额定水头是比较经济合理的。

额定水头必选内容详见表 1.2-3。

表 1.2-3　额定水头比较

参数		方案		
		120 MW, $Z=5$ 台, $H_r=5.8$ m	120 MW, $Z=5$ 台, $H_r=6.0$ m	120 MW, $Z=5$ 台, $H_r=6.2$ m
1	水轮机			
(1)	水轮机型式	灯泡贯流式	灯泡贯流式	灯泡贯流式
(2)	装机台数 Z(台)	5	5	5
(3)	单机容量(MW)	24.0	24.0	24.0
(4)	水轮机的额定出力(MW)	24.742	24.742	24.742
(5)	水轮机转轮直径 D_1(m)	7.64	7.50	7.30
(6)	水轮机额定流量 Q_r(m³/s)	477.86	462.00	447.0
	额定单位流量 Q_{11}(m³/s)	3.342	3.40	3.424
	最优单位流量 Q_{10}(m³/s)	2.0~2.2	2.0~2.2	2.0~2.2
(7)	水轮机额定转速 n_r(r/min)	71.4	75	75
	额定单位转速 n_{11}(r/min)	226.50	228.12	219.88
	最优比转速 n_{10}(m·kW)	190~200	190~200	190~200
	$H_{max}=9.2$ m 时比转速 n_{11}(m·kW)	179.84	184.21	180.51
	n_{11}/n_{10}	0.922	0.945	0.926
(8)	水轮机的额定效率 η(%)	91.06	91.0	91.0
(9)	水轮机最优效率 η_{0max}(%)	93.06	93.04	93.04
(10)	水轮机的吸上高度 H_s(m)(一台机额定水头流量 Q_r 对应尾水位▽₁)	−6.96 (126.99)	−7.34 (126.93)	−7.78 (126.87)
(11)	水轮机安装高程(m)	119.9	119.5	119.0
2	发电机			
(1)	发电机型式			
(2)	发电机型号			
(3)	发电机额定容量 N_f(MW)	24.0	24.0	24.0
(4)	发电机容量 S(MVA)	26.67	26.67	26.67
(5)	发电机台数 Z(台)	5	5	5

参数	方案		
	120 MW，$Z=5$ 台，$H_r=5.8$ m	120 MW，$Z=5$ 台，$H_r=6.0$ m	120 MW，$Z=5$ 台，$H_r=6.2$ m
(6) 发电机额定效率 η_f(%)	97.0	97.0	97.0
(7) 发电机功率因数 $\cos\varphi$	0.9	0.9	0.9
3 相关高程(m)			
(1) 尾水底板	111.75	112.00	112.38
(2) 运行层	131.0	131.0	130
(3) 安装间层	131.0	131.0	130
(4) 桥机轨顶	145.6	145.6	145
(5) 厂房顶高	151.6	151.6	151
4 桥机起重量	220 t/50 t	200 t/50 t	180 t/50 t
桥机跨度	23	22	20.5
5 厂房宽度	27	26	24.5
6 机组间距	21.5	21.0	20.5
7 机组长度	107.5	105.0	102.5
8 主安装间长度	38	35	33
9 副安装间长度	28	25	23
10 投资比较(万元)			
10.1 (机电+土建)投资差(万元)	7 475.49	4 002.28	0
10.2 年平均发电电能(亿 kWh)	6.517	6.391	6.250
10.3 年电能折合费用(万元)	33 236.7	32 594.1	31 875.0
年电能折合投资相对差(万元)	1 361.7	719.0	0
投资回收年限(年)	4.89	4.88	4.86
11 设备制造难易度	难	易	易
12 比较结论		选择方案	

从上表可以看出：

(1)选择三种额定水头制造机组投资回收年限基本相当。

(2)随着额定水头 H_r 从 6.2 m 降至 6.0 m，可以多发电量，充分利用水能，减少弃水量。

(3)随着额定水头 H_r 从 6.0 m 降至 5.8 m，水轮机转轮直径增大，水轮机制造难度增加，成本提高，机组及机电设备投资增大；厂房的尺寸增加，土建投资也增大。

综合考虑发电量、成本、机组制造及安装难度，水轮机的额定水头选择 6.0 m；此时 n_{11}/n_{10} 为 0.945，水轮机的运行水头条件较好，在运行区间内可以获得较高的加权平均效率。

1.2.3 水轮机型式选择

沙坡头水利枢纽河床电站水头范围为 3.6~11.0 m,是低水头径流式电站,根据水头范围,可选用贯流式和轴流式两种机型,对该两种机型进行比较:从水轮机的能量特性上比较,贯流式水轮机的比转速较高,在额定工况下的单位流量大,效率较高,且高效区比较宽广;从土建开挖量比较,贯流式机组开挖深度小,而布置在坝体内,可取消复杂的引水系统,减少电站的开挖量和混凝土量以及厂房的建筑面积;从建设周期方面比较,贯流式水电站比立轴的轴流式水电站建设周期短。基于贯流机具有以上的优点,经比较分析认为,灯泡贯流机组无论是在机组性能,还是在节省工程量、投资等方面,都明显优于轴流式机型,故推荐选用灯泡贯流式机型。

1.2.4 单机容量和机组台数的确定

沙坡头电站装机容量 116 MW,而当时国内已投入运行的灯泡贯流式机组,最大转轮直径为 6.4 m,单机容量 32 MW,当时世界上最大的灯泡式机组转轮直径已达 7.7 m(美国雷辛),单机容量已达 6.58 MW(日本只见)。因为沙坡头河床电站机组的采购立足于国内厂家以及与国外合资的公司,考虑当时国内的设计和生产制造能力,本着转轮直径不超过 7.0 m 的原则,机组台数以 4 台单机容量 29 MW 和 5 台单机容量 23.2 MW 两个方案进行比较。经机电设备、土建投资比较结果,4 台机组方案比 5 台机组方案节省投资约 1 713 万元,而多得年发电量约 17.79 万 kWh,详见机组台数和单机容量参数比较表 1.2-4。经综合分析比较,沙坡头水利枢纽河床电站机组台数采用 4 台,单机容量 29 MW。

表 1.2-4 河床电站机组台数和单机容量参数比较

项目	单位	方案	
		I	II
		4 台	5 台
模型转轮型号		GZ001	GZ001
装机容量/单机容量	MW	116/29	116/23.2
转轮直径	m	6.85	6.28
额定转速	r/min	75	81.08
额定水头	m	8.7	8.7
水轮机额定出力	MW	29.9	24.17
额定流量	m³/s	373.4	303.9
额定工况电站过机流量	m³/s	1 493.6	1 519.5
额定单位流量	m³/s	2.698	2.68
额定单位转速	r/min	174.2	170.4

项目		方案	
		I	II
		4 台	5 台
额定点效率	%	93.93	93.3
比转速	m·kW	868	843.6
比速系数		2 560	2 488.3
额定工况空化系数		1.39	1.442
空化安全系数		1.2	1.2
吸出高度差	m	0	
单台水轮机质量	t	630	509
单台发电机质量	t	280	267
电站机组投资总价	万元	13 904	14 821
电站机组投资差价	万元	0	+917
电站机组主要辅助设备差价	万元	0	315
土建工程量投资差价	万元	0	123
金属结构投资差价	万元	0	300
电气设备投资差价	万元	0	58
电站投资差价	万元	0	1 713
年电量差	万 kWh	0	−17.79

1.2.5 水轮机参数选择

1.2.5.1 比转速确定

比转速 n_s 是反映水轮机技术经济特性的一项综合指标,在清水条件下,n_s 值随着水轮机制造技术的进步呈提高趋势。但在含沙水流条件下,水轮机的参数水平又宜适当降低。对于灯泡贯流式水轮机,根据国内外有关资料统计,额定工况的比转速与额定水头 H_r 的相关关系为 $n_s = KH_r^{-0.5}$,其中比速系数 K 的取值,国内机组为 2 000 ~ 2 500,国外机组为 2 500 ~ 3 000。考虑沙坡头电站为多泥沙的水质,在选择比速系数时,国外机型不大于 2 700,国内机型不大于 2 500。

即:国内 $n_s < 2 500 \times 8.7^{-0.5} = 847.6 (m \cdot kW)$

国外 $n_s < 2 700 \times 8.7^{-0.5} = 915.4 (m \cdot kW)$

1.2.5.2 水轮机模型转轮比选

根据目前已有的机型资料,适用于本电站的灯泡贯流式水轮机的模型转轮有 GZ001、GZ002 两个转轮,从出力指标、能量特性、气蚀性能等参数进行了计算比较,其参数计算结果见表 1.2-5。

表 1.2-5　不同模型水轮机参数比较

项目			单位	方案Ⅰ GZ001	方案Ⅱ GZ002
模型转轮参数	最优工况	单位转速	r/min	155	164
		单位流量	m³/s	1.7	1.7
		效率	%	93.5	93.16
真机参数		装机台数	台	4	4
		装机容量/单台容量	MW	116/29	116/29
		转轮直径	m	6.85	6.8
		额定转速	r/min	75	75
		额定水头	m	8.7	8.7
		额定出力	MW	29.9	29.9
		额定流量	m³/s	373.4	375.9
		额定单位转速	r/min	174.2	172.9
		额定单位流量	m³/s	2.698	2.756
		额定点效率	%	93.93	93.3
		加权平均效率	%	94.18	93.57
		比转速	m·kW	868	868
		比速系数		2 560	2 560
		空化系数		1.39	1.61
		空化安全系数		1.05	1.05
		吸出高度		−7.5	−9.5
		机组价格差价	万元	+198.4	
		年电量差	万 kWh	+109.0	

由表 1.2-5 的计算结果看出:

(1)从能量指标上看:GZ001 转轮效率较高,在整个运行区域,加权平均效率比 GZ002 高 0.61%,年电量可以增加 109 万 kWh。

(2)从气蚀性能上看:GZ001 转轮的空化系数较小,两个转轮额定点的 H_s 值相差 2.0 m,对于灯泡贯流式机组,额定点的气蚀决定了安装高程的高低;而沙坡头电站为多泥沙电站,要求水轮机具有较好的抗气蚀性能,所以 GZ001 转轮比较好。

(3)从机组造价看:GZ001 转轮,由于直径大,水轮机的造价比 GZ002 转轮高 198.4 万元,但是电量的收益在 5~6 年内可以抵偿。

综合以上几点,GZ001 转轮无论在技术上还是经济上都优于 GZ002 转轮。因此,本阶段选用 GZ001 转轮。

1.2.5.3 水轮机参数优选

下面对转轮直径 $D_1 = 6.8$ m 时,转速分别为 $n = 75$ r/min、71.4 r/min 和转轮直径 $D_1 = 6.85$ m 时,转速分别为 $n = 75$ r/min、71.4 r/min 共 4 个方案的参数组合进行计算比较。其计算结果见水轮机参数论证比较表 1.2-6。

表 1.2-6 水轮机参数论证比较

项目	单位	$D_1 = 6.8$ m		$D_1 = 6.85$ m	
		方案 1 $n = 75$ r/min	方案 2 $n = 71.4$ r/min	方案 3 $n = 75$ r/min	方案 4 $n = 71.4$ r/min
额定出力	MW	29.9	29.9	29.9	29.9
额定水头	m	8.7	8.7	8.7	8.7
额定流量	m^3/s	373.4	373.4	373.4	373.3
额定效率	%	93.9	93.9	93.93	93.95
额定点单位流量	m^3/s	2.738	2.738	2.698	2.697
额定点单位转速	r/min	172.9	164.6	174.2	165.8
比转速	$m \cdot kW$	868	826.3	868	826.3
比速系数		2 560	2 437	2 560	2 437
最大水头下单位转速	r/min	153.8	146.4	154.9	147.5
最大水头下单位流量	m^3/s	1.904	1.906	1.874	1.876
加权平均水头下单位转速	r/min	165.5	157.5	166.7	158.7
加权平均水头下的单位流量	m^3/s	2.38	2.38	2.37	2.34
空化系数		1.43	1.5	1.39	1.39
空化安全系数		1.05	1.05	1.05	1.05
吸出高度	m	-7.87	-8.51	-7.5	-7.5

由表 1.2-6 的计算结果可知:

(1)从能量指标上看:额定点效率最高的是方案 4,最低的是方案 1 和方案 2,略低的是方案 3。运行区域方案 1 与方案 3 较好,稍差的是方案 2 和方案 4。

(2)从气蚀性能上看:方案 2 差,方案 1 稍差,方案 3 最好。

(3)从机组造价上看:方案 2 和方案 4 转速较低,机组造价比方案 1 和方案 3 高。

综合以上几点分析,方案 2 和方案 4 投资较高,在技术上也不占优势,所以方案 2 和方案 4 首先被淘汰。剩下方案 1 和方案 3 再做进一步比较:①方案 1 的额定效率较低,气蚀性能较差;②在额定工况时,方案 3 的最大出力可达 34.395 MW,与额定出力相比超发 15%,而方案 1 最大出力为 33.692 MW;电站总出力比方案 3 约小 2 800 kW。经综合比较,方案 3 转轮的技术性能优于方案 1。

因此推荐水轮机的参数为:

转轮直径 $D_1 = 6.85$ m；

额定转速 $n_r = 75$ r/min。

1.2.5.4 厂家资料统计

根据本阶段的设计情况,针对几个具有设计能力和制造能力并具有生产灯泡贯流式机组历史的厂家做了技术咨询工作,厂家推荐的水轮机参数见表 1.2-7,水轮机在不同水头下的出力范围见表 1.2-8。

表 1.2-7　厂家推荐的水轮机参数

项目		参数		
		甲厂	乙厂	丙厂
水轮机型号	单位	GZ4BNSPT – WP – 685	GZ – WP – 685	GZD215 – WP – 680
装机台数	台	4	4	4
装机容量/单机容量	MW	116/29	116/29	116/29
转轮直径	m	6.85	6.85	6.8
额定转速	r/min	75	75	75
飞逸转速	r/min	242	224.9	240
最大水头	m	11	11	11
最小水头	m	5.9	5.9	5.9
额定水头	m	8.7	8.7	8.7
额定出力	MW	29.9	29.76	29.90
额定流量	m³/s	374.5	372.3	375.9
额定点效率	%	93.93	93.95	93.3
吸出高度	m	– 7.4	– 7.72	– 9.5
比速系数		2 560	2 554	2 560
比转速	m·kW	868	866	868
额定点单位转速	r/min	174.2	174.2	172.9
额定点单位流量	m³/s	2.703	2.69	2.756
模型最高效率	%	95.41	95.55	95.2

从表 1.2-7 可以看出:有 2 个厂家推荐转轮直径 $D = 6.85$ m,而另一个厂家推荐转轮直径 $D_1 = 6.80$ m,三个厂家都推荐转速 $n = 75$ r/min。

1.2.5.5 水轮机的安装高程

机组在额定工况运行时,是四台机组运行,在高水头段为 1~3 机组运行;确定水轮机的安装高程有两个条件:第一,经过运行范围内的工况计算,额定工况的抗气蚀性能好坏,是控制安装高程的条件;第二,在最小流量及下游尾水位最低时,考虑机组的安全稳定运行,尾水管顶部需淹没深度 0.5 m 以上,是控制安装高程的条件。本电站经过计算比较,安装高程以尾水管顶部淹没 0.5 m 来控制,故安装高程确定为 1 221.8 m。

表 1.2-8　水轮机出力范围

项目	参数			
	甲厂 $D_1 = 6.85$ m, $n = 75$ r/min		丙厂 $D_1 = 6.80$ m, $n = 75$ r/min	
	出力范围(MW)	对应的流量(m³/s)	出力范围(MW)	对应的流量(m³/s)
最大水头 11 m	35.0 ~ 15.0	342.46 ~ 150.54	29.744 ~ 16.187	290.0 ~ 160.0
加权平均水头 9.5 m	31.65 ~ 13.0	360.211 ~ 150.94	29.745 ~ 13.937	339 ~ 160.0
额定水头 8.7 m	29.9 ~ 12.0	374.12 ~ 152.46	29.76 ~ 12.655	375.7 ~ 160.0
最小水头 5.9 m	20.0 ~ 7.875	387.49 ~ 152.15	19.262 ~ 8.355	373 ~ 160.0
极限最小水头 3.6 m	8.0 ~ 3.15	324.6 ~ 119.29	7.787 ~ 4.746	258.5 ~ 160.0

选定方案的水轮机参数见表 1.2-9。

表 1.2-9　选定方案的水轮机参数

序号	项目	单位	参数
1	水轮机型号		GZ001
2	装机台数	台	4
3	装机容量/单机容量	MW	116/29
4	转轮直径	m	6.85
5	额定转速	r/min	75
6	飞逸转速	r/min	242
7	最大水头	m	11
8	最小水头	m	5.9
9	额定水头	m	8.7
10	额定出力	MW	29.9
11	额定流量	m³/s	373.4
12	单位流量	m³/s	2.698
13	单位转速	r/min	174.2
14	比转速	m·kW	868
15	比速系数		2 560
16	额定点效率	%	93.93
17	最高效率/加权平均效率	%	95.5/94.18
18	转轮叶片出口相对流速	m/s	27.12
19	空化系数		1.39
20	空化安全系数		1.233
21	吸出高度	m	-7.5
22	安装高程	m	1 221.8

1.2.5.6 机组流道尺寸

根据厂家资料主要流道尺寸确定如下：

流道进口长度:27.91 m；

流道进口宽度:15.2 m；

流道进口高度:15.33 m；

尾水管长度:36.59 m；

尾水管出口宽度:14.0 m。

1.2.6 水轮机结构及减轻水轮机磨蚀的综合治理措施

1.2.6.1 结构

水轮机为灯泡贯流式。水轮机与发电机为同一根主轴,水平方式布置,直锥形尾水管,机组转动部分应采用两支点双悬臂结构。机组旋转方向从发电机端向下游方向看为顺时针。每台机组由一台调速器来控制导叶和转轮桨叶协联调节,转轮桨叶与桨叶枢轴转轮室分瓣结合面采用法兰连接,并应有可靠的止漏措施。转轮室与外配水环采用法兰连接,结合面应有可靠的止漏措施。

导水机构由内、外配水环、导叶、导叶轴承、导叶操作环、重锤及连杆拐臂等组成。

主轴与发电机转子及转轮采用法兰连接。

机组支撑采用管形座为主支撑,发电机侧设辅助支撑。

1.2.6.2 减轻水轮机磨蚀的综合治理措施

(1)电站枢纽布置设计上考虑有效的排沙设施。

根据我国在多泥沙河流上已建电站的运行经验,为了达到"门前清"的目的,在每个机组段左侧各设置 1 个排沙孔,单孔泄量41.19 m^3/s,进口底槛高程为 1 211.8 m。比电站机组进水口低 3.7 m,可有效地减少过机含沙量。

(2)适当降低水轮机的设计参数。

根据黄河上多泥沙电站的水轮机运行情况和有关含沙水流磨蚀试验资料,并结合本电站运行的特点,对水轮机的过流部件流速加以适当限制。本电站在额定工况下,转轮叶片出口相对流速 $W_{2r} \leqslant 27.12$ m/s,在低水头期导叶开至最大工况下,转轮叶片出口相对流速 $W_{2Hmin} \leqslant 25.3$ m/s。据了解国内部分黄河电站,当转轮叶片出口相对流速较高时（超过30 m/s）,转轮磨损仍很严重,故本电站转轮叶片出口相对流速小于 30 m/s 是比较合理的。

(3)转轮叶片及转轮室等部件采用不锈钢抗磨蚀材料并进行工艺上的强化处理或涂层保护,提高水轮机过流部件的加工精度,降低其表面粗糙度,以提高水轮机的抗磨蚀能力。

(4)改进水轮机的结构设计,将易磨损件设计成易拆易换的部件。

1.2.7 发电机主要结构特征及大件运输

1.2.7.1 发电机的主要结构特征

水轮机和发电机之间采用一根主轴刚性连接,灯泡头采用主支撑和辅助支撑两部分,基础主支撑形式采用管形座结构,辅助支撑采用刚性支撑。

轴承布置采用两轴承形式,发电机下游侧设组合轴承,该轴承由推力轴承和导轴承组合而成,发电机定子采用支架(及机座)结构方式。

发电机的冷却方式,采用密闭强迫二次循环通风冷却方式,由发电机前端的冷却套及双层灯泡头作为二次冷却器,利用河水与灯泡头夹层的循环冷却水作热交换。

1.2.7.2 大件运输

沙坡头河床电站水轮机转轮直径为 6.85 m,机组的许多大件整体尺寸都超出了铁路运输界限,为此必须对这些大件进行分瓣运输,以满足铁路运输或公路运输的要求。

1.2.8 调速设备及调节保证计算

1.2.8.1 调速设备

灯泡贯流机组具有许多不同于常规机组的特点,其机组调速设备选择有以下特点。

1)水流贯性时间常数 T_w、机组贯性时间常数 T_a 的特点

贯流机组由于尺寸小、质量轻,因此机组的转动惯量 GD^2 较小,通常只有同容量常规机组的 15% ~30%,因此机组的惯性时间常数 T_a 较小。另外,由于灯泡贯流机组的应用水头较低,因此机组的水流惯性时间常数 T_w 又较大,故贯流机组普遍出现 T_a/T_w 值小于 1,即出现倒置现象。另外,由于贯流机组运行水头及出力变化范围较大,因此它的 T_a、T_w 的变化范围也较大。

2)$\sum LV$ 的分布特点

贯流式机组转轮出口动能一般占额定水头的 60% 以上,为回收这部分动能,尾水管一般较进水段长,且平均流速较进水段高,$\sum LV_尾 > \sum LV_进$,即 $\sum LV_进/\sum LV_尾 < 1.0$,出现 $\sum LV$ 倒置现象。据统计,出口段的 $\sum LV$ 尾值占全流道的 $\sum LV$ 值的 60% ~75%。

3)H_s 负值大

贯流式机组电站为低水头径流式电站,厂房一般为河床式,下游尾水位随汛期、枯水期变化大,运行水头变幅大,为满足机组的安全稳定运行,安装高程按空化或尾水管出口的淹没深度确定,装的较低,故在整个运行范围内,H_s 负值大。

4)机组结构上的特点

贯流式机组的导叶为空间斜向布置的锥形导叶,导叶呈空间扭曲状,由于形状复杂,作用在导叶上的水力矩计算复杂,在同一角度下,沿导叶轴线的导叶实际开度是不同的。

导水机构力的传递较复杂,整个传动系统的运动为空间运动。

5)调速器基本技术要求

针对贯流式机组的以上特点,参照国内同类调速器生产现状及水平,就黄河沙坡头水电站河床电站 4 台机组,北干渠渠首电站 1 台机组的调速系统提出了相应的技术要求,现予介绍。

(1)调速器基本参数要求。

调速器型号:数字式并联 PID(或 IPID)电液型,在 PI 或 PID 调速器中引入滞后校正环节,可以增大低频段增益,改善系统稳定性,提高系统稳定精度,但系统截止频率 w_c 仍无法提高,系统响应很慢,在负荷扰动时,将出现较大的转速动态误差,要进一步解决这个

问题可采用水压反馈,所以本电站调速器要求采用 IPID 电液型。

导叶接力器时间参数:关闭全行程为 5 ~ 25 s,可调;开启全行程为 5 ~ 25 s,可调。

导叶应可以分段用两种速度关闭,以限制甩负荷时转速和压力上升值。

桨叶关闭时间:10 ~ 60 s,可调。

频率给定为 f_r,调整范围为 45 ~ 55 Hz。

当机组在额定输出功率运行,且为额定转速时,永态转差系数 b_p 应能在 0 ~ 10% 范围内调整,级差 1%,PID 增益的可调范围应不低于:比例增益 K_p(空载工况为 0.5 ~ 5.0,电网运行工况为 5.0 ~ 50.0),积分增益 K_I(空载工况为 0.05 ~ 1.0 L/s),电网运行工况为 0.2 ~ 10 L/s,微分增益 K_D(空载工况和电网运行工况均为 0.0 ~ 5.0 s)。

功率给定 P_r 调节范围为 0 ~ 115%,调整分辨率为 1%。

开度限制调整范围为 0 ~ 120%,调整分辨率为 1%。

人工失灵区宽度 E 为 ±1.0%,调整分辨率为 0.02%。

调速器额定操作油压为 6.4 MPa,电站高压气系统供调速器系统额定工作压力为 8.0 MPa。

(2)调速器型式和总体设计要求。

调速器采用并联 PID(或 IPID)型数字式电液调速器,以工业控制计算机(IPC)及其系列模板作为硬件核心,采用双微机双通道冗余结构,并配以彩色液晶显示器,具有良好的人机中文界面,具有输出功率控制、转速控制、开度控制、水位控制、水头控制、波浪控制、电力系统频率自动跟踪、防涌浪、自诊断和容错、稳定等功能。调速器能现地和远方进行机组的自动、手动开、停机和事故停机,并应提供与电站计算机监控系统连接的 I/O 接口和数据通信接口,其通信协议应满足监控系统要求,包括硬件和软件。机械液压部分和电气控制柜可分开设置。

调速系统应具有足够的容量,当压力油罐内操作油压最低,作用在导叶或桨叶上的反向力矩最大时(力矩由水轮机制造商提供),能按调节保证确定的时间操作导叶接力器和桨叶接力器全行程开启或全行程关闭。全行程定义为:接力器移动 0 ~ 100% 最大开度,在开启方向没有过行程,在关闭行程终止时应有 1% ~ 2% 的压紧行程。

(3)调速器性能要求。

a. 稳定性:孤网运行、空载运行和电网运行时,调速系统应能稳定地控制机组转速。机组在孤网中或在电网中与其他机组并联运行时,调速系统也应能稳定地在零到最大输出功率范围内控制机组输出功率。如果水轮机的水力系统和引水流道是稳定的,当满足下述条件时,则调速系统被认为是稳定的。

发电机在空载额定转速下,或在额定转速和孤立系统恒定负荷下运行,且永态转差率整定在 2% 或以上,油压波动不超过 ±0.10% 时,调速器能保证机组运行 3 min 内转速波动值不超过额定转速的 ±0.10%。

电气装置工作和切换备用电源,或者手动、自动切换以及其他控制方式之间相互切换和参数调整时,水轮机导叶接力器的行程变化不超过其全行程的 ±1%。

机组在电网中从零到任何负荷间运行,且永态转差率整定在 2% 或以上时,调速器应保证机组接力器行程波动值不超过 ±1%。

调速器应允许带电插入或拔出故障插板。

b. 静态特性。

静态特性曲线应近似为一直线,其最大线性度误差不超过 5%。

在任何导叶开度和额定转速下,接力器的转速死区不得超过额定转速的 0.02%。

桨叶接力器随动系统的不准确度不超过 1.5%,死区不超过 0.5%。

c. 动态特性。

由电子调节器动态特性示波图上求取的 K_P、K_I 值与理论值偏差不得超过 ±5.0%。

机组甩 100% 额定负荷后,在转速变化过程中偏离额定转速 3% 以上的波峰不超过 2 次。

机组甩 100% 额定负荷后,从接力器第一次向开启方向移动起,到机组转速波动值不超过 ±0.5% 所经历的时间应不大于 40 s。

接力器不动时间:机组输出功率突变 10% 额定负荷,从机组转速变化 0.01% ~ 0.02% 额定转速开始,到导叶接力器开始动作的时间间隔不得超过 0.2 s。

机组输出功率突变 10% 额定负荷后,在转速变化过程中偏离额定转速 3% 以上的波峰不超过 2 次,且转速波动值不超过 ±0.5% 所经历的时间应不大于 20 s。

d. 频率跟踪。

为了缩短同期时间,调速器应有频率跟踪器,并应具有优良的调节性能,使机组和电网的频率差接近零,相位差小于 15°。

e. 稳定性调整。

调速系统动态性能应达到并具有比例、积分和微分功能,且各自带有独立的、连续可调的增益控制装置。必要时应设置利于机组小波动稳定的滞后校正环节,单机运行实现 IPID 调节规律。每个控制装置的调整范围应适合各受控系统的动态特性。这些控制装置应安装在每个组件的板面上,且在调速系统运行时亦是可调的。

f. 桨叶控制装置。

具有可根据水轮机协联曲线鉴定的协联函数发生器。

在正常运行时根据电站水头及负荷变化(导叶位置)自动调整桨叶角度,以达到机组高效率运行。在开、停机工况转轮桨叶应转到一个大于最优角度的位置以增大转矩或降低转速,但不得因此而造成过大的转轮轴向移动或其他不良的过渡现象。机组停机后自动将桨叶开到启动角度。在启动过程中按一定的条件自动转到正常的协联关系。还应有手动操作桨叶的装置。

g. 水位控制机构。

调速器应设有水位控制机构,能根据上游水位的情况自动地增加或减小导叶开度或增、减开机台数,使上游水位保持在恒定的正常高水位运行。上、下游水位信号(4 ~ 20 mA)将由水力测量盘提供给调速器。

h. 水头控制。

能接收水头信号并按水头自动选择最佳的导叶—桨叶协联关系,自动调整启动开度、空载开度和限制开度。

i. 涌浪控制。

为了避免甩大负荷时上、下游水位发生较大的涌浪,调速系统应设有防涌浪装置,使得在甩大负荷时达到以下要求:

涌浪高度:两台机甩100%负荷,坝前附近涌浪最大高度应不大于0.50 m。

机组流量的瞬时变化值不大于机组额定流量的50%~60%。

j. 其他要求。

调速器手动操作时,电气上应有开度跟踪环节,以保证需要时机组能快速而无扰动地切换至自动。

导叶和桨叶采用电气协联。反映导叶和桨叶接力器位置的位移传感器应具有良好的防潮性能和抗油污能力,并具有良好的线性度。

机组在空载条件下转速调整机构应能调整机组转速为额定转速的90%~110%,机组空载运行,转差率定为零,通过手动或电动使转速调整机构在90%~110%额定转速之间允许发电机进行并列运行。当转差率为5%时,远方控制转速调整机构应能在不少于20 s不超过40 s时间内从全开导叶下的输出功率减到零。通过手动和电动调节转速应能在40 s内允许发电机由空载带至额定负荷运行。

调速器应能根据导叶开度、有效水头和机组输出功率所反映的运行状况(如空载或并网运行)自动调整调节参数(K_I、K_P、K_D)和控制机构,以适应不同工况下均能以最优参数和最佳控制结构参与调控。

调速器应具有一定的抗油污能力,并在滤油精度为60 μm时,调速器仍能正常工作。

调速器电气部分温度漂移量每1 ℃折算到转速相对值不超过0.01%。

(4)调速器运行要求。

a. 调速系统应满足下述规定的运行要求,不可调的输出功率限制装置要能限制发电机在 $\cos\varphi = 1$ 时的最大输出功率;可调的导叶和桨叶限位装置可限制导叶和桨叶位于任意位置(开度和角度),并使机组保持在给定的位置。

b. 控制。

调速器应有下列控制方式,由装在电气柜上的开关选择。

转速控制应具有比例、积分和微分等功能,以保证系统频率满足所规定的运行和性能要求。

就地手动或远方由计算机控制系统自动控制,且同时带有导叶开度限位和机组负荷控制装置。

就地手动和远方自动应能相互切换,且在切换过程中无扰动。

具有 AGC 自动发电控制。

c. 停机。

调速器应能在下述情况下关机:

正常停机:就地或远方控制,断路器在零输出功率跳闸。

部分停机:负荷消失,断路器跳闸,调速器将机组关至空载。

事故停机:设备故障,在满足调节保证前提下以最快速度关闭导叶,并能迅速自动投入防涌浪装置(当甩大负荷停机时),保证涌浪和流量瞬变值在允许范围内。

d. 开机。

就地手动启动或在自动程序控制设备的控制下启动和控制机组转速在额定值,在断路器合闸前,机组应能自动跟踪系统的频率。

e. 在线自动诊断和容错功能。

调速器应具有下述在线诊断和容错功能,每次调速器投入前应对下述故障进行自诊断一遍,无故障后方能开机。电气柜抽屉面板上的指示灯应指示故障。

模拟/数字转换器和输入通道故障。

数字/模拟转换器和输出通道故障。

反馈通道故障。

液压控制系统故障。

程序出错和时钟故障。

控制设备故障(包括桨叶控制装置故障)和测量信号出错(包括测速系统故障)。

事故关机回路故障。

操作出错诊断。

导叶开度限制装置故障(包括水位控制机构故障)。

其他故障。

f. 离线功能。

调速器应具有下述离线自诊断及调试功能:

检查调节参数。

调整调节参数。

数据取样系统的精度检查。

数字滤波器的参数检查和校准。

程序检查。

修改和调试程序。

导叶—桨叶协联控制检查和调整。

CPU 和总线诊断。

EPROM 和 RAM 诊断。

(5)调速器安全保护装置要求。

a. 故障保护。

发生系统故障或电源消失,除停机回路和导叶开度限制机构应保留可操作性外,调速器应保持导叶在事故之前的位置,故障消除后自动平稳地恢复工作。对于大事故,机组应停机,电气柜上的指示灯应指示故障,调速器应有机组失灵接点信号输出。

b. 分段关机。

调速系统应具有导叶分段关闭功能,且分段关闭时间、拐点,便于调整。

c. 失压保护装置。

当油压装置的油压低于事故低油压时,自动操作重锤按调节保证确定的关机速度直接关闭导叶,同时应有 2 对以上电气上相互独立的接点信号引出,接点容量为 220 V,DC,5 A。

d.事故低油压保护。

当油压装置的油压为事故低油压时,自动操作停机。同时应有 2 对以上电气上相互独立的接点信号引出,接点容量为 220 V,DC,5 A。

e.防飞逸装置。

应有机械防飞逸的保护措施。

f.卡物保护。

在机组关闭过程中,当导叶之间卡有异物,在位置开关动作后,调速器应操作导叶开启,冲走异物,开启行程为接力器行程的 10%(可调)。最多允许开启三次,失败后则关闭导叶至全关。

g.蠕动保护。

调速器应有零转速检测装置,当机组在停机状态下主轴角位移大于 1.5°时,应输出开关信号,用于保护和报警。

h.加速度保护。

调速器应对机组开机过程的转速、加速度进行监测,并根据设定的加速度值对越限作出保护性反应,同时经逻辑输入/输出接口输出越限信号。

(6)调速器电气回复要求。

导叶接力器位置和桨叶角度位移传感器应具有良好防潮性能及抗油污能力,并有良好的线性度,因温度变化引起的转速相对变化每 1 ℃应小于 0.01%。

(7)调速器微机控制要求。

调速器功能由微处理机控制,此微处理机带有固态电路和软件,安装在电气柜中并应满足规定的控制要求,在环境条件范围内运行而不发生各种漂移。为了满足电站计算机监控系统远方控制的需要,应提供与全厂计算机监控系统设在机旁的 LCU 通信输入/输出接口,接口采用 I/O 型式。还应提供串行通信口和现场总线接口,其通信协议应满足全厂计算机监控系统的要求,提供用于负荷控制反馈信号的发电机输出功率变送器。

调速器应设置液晶参数显示装置,以便对微处理器参数及存储单元内存参数进行显示。

调速器应自配必要的试验装置、接口和软件,能方便地进行现场或模拟试验,如空载试验等,且能用计算机存储、显示或用录波仪记录试验数据或图像。

水轮机调节选用 TDBWST 系列步进电机 PLC 调速器,采用现代电液随动系统,具有故障诊断及保护功能,并设有导叶两段关闭装置。该系列产品是目前最新一代用于水轮发电机组控制的调速器,其技术性能指标全部满足(其中部分优于)《水轮机调速器与油压装置技术条件》(GB 9652.1—1997)的要求。

主要特点:

适应式变结构、变参数并联 PID 调节模式;

较强的自诊断、防错、容错、纠错功能;

采用步进电机凸轮传动机构直控主配压阀的先进技术,取代了易发卡的电液转换器,大大提高了调速器的速动性和运行可靠性,特别适用于稳定性较差的贯流式机组。

采用先进的触摸屏作为人机对话工具。

调速器型号:TDBWST - 150 - 6.3;

主配压阀直径:150 mm;

工作压力:6.3 MPa;

油压装置型号:YZ - 6 - 6.3;

过速保护装置型号:GC - 150 - 4。

1.2.8.2 调节保证计算

发电机飞轮力矩 GD^2 值不小于 4 400 t·m^2

调节关闭时间,分两段关闭:

第一段关闭时间:$T_1 = 7.2$ s;

第二段关闭时间:$T_2 = 17$ s;

速率升高:β_{max} 不超过 60%;

导叶前最大水击压力不超过 0.22 MPa。

过渡过程具体计算分析详见第 5 章。

1.2.9 水力机械辅助设备

水力机械辅助设备包括主厂房起重设备,水、气、油、水力监测系统设备,机械修理设备。

1.2.9.1 主厂房起重设备

沙坡头电站为卧式机组,主厂房桥机主要用于转轮、导水机构、定子、转子、主轴等部件的吊运和翻身。其吊运和翻身的最重部件为河床电站机组的导水机构(不含重锤、底环),质量为 138 t。

根据起吊最重件的质量和翻身等运用方式,选择 150 t/50 t 桥式起重机一台,其主钩起吊质量为 150 t,副钩起重量为 50 t,起重机跨度 20.5 m,具体参数见表 1.2-10。

表 1.2-10　桥式起重机主要技术参数

序号	型号	起吊质量 (t)		跨度 (m)	起升高度 (m)		起升速度 (m/min)		运行速度 (m/min)	
		主钩	副钩		主钩	副钩	主钩	副钩	大车	小车
1	150 t/50 t 桥式起重机	150	50	20.5	28	26	3.71	7.8	67.4	27.7

1.2.9.2 技术供水系统

1)设备用水量

机组的技术供水用户有:

三个电站主轴密封供水、南、北干渠电站轴承油冷却器供水、北干渠渠首电站发电机空冷器供水,以及辅助设备供水(发电机和轴承的冷却采用锥体冷却套二次自循环冷却,由河床电站膨胀水箱定期补水)。

河床电站：

水轮机的主轴密封用水量：7.2 m³/h；

北干渠渠首电站总用水量：68.16 m³/h；

其中：发电机空气冷却：60.0 m³/h；

机组的导轴承及推力轴承冷却：6.0 m³/h；

水轮机的主轴密封：2.16 m³/h；

南干渠渠首电站总用水量：27.6 m³/h；

辅助设备用水量：6.0 m³/h；

设计总用水量：125 m³/h。

2）供水方式

本工程设计的技术供水，是河床电站与北干渠渠首电站共用一个技术供水系统，该系统同时向南干渠渠首电站技术供水系统提供水源。根据当地的地质情况，地下水源比较丰富，设计采用地下取水作为河床电站与北干渠渠首电站的水轮机主轴密封以及南干渠渠首电站的冷却润滑用水的水源。而北干渠渠首电站的发电机和轴承的冷却，平常从上游流道取水作为主水源，当汛期含沙量超过 20 kg/m³ 时，采用地下取水作为备用水源。

河床电站和北干渠渠首电站的主轴密封用水，以及南干渠渠首电站冷却润滑水取自施工生活水池，设有两台卧式离心泵，将水抽至生活区的高位水塔，然后自流供水到厂内。另外，在北干渠电站小机组的上游流道取水，设有两台卧式离心泵，经加压过滤后，直接供给北干渠电站小机组的发电机冷却用水和轴承冷却用水。从水池往水塔扬水的水泵型号为 IDW125 - 400(Ⅰ)B，流量 $Q = 87$ m³/h，扬程 $H = 37.5$ m，功率 $N = 18$ kW，共设置两台，每台水泵的流量为机组用水量的 1.5 倍。两台水泵可互为备用，当两台水泵同时工作时，可满足三个电站冷却及润滑用水的要求。高位水塔的有效容积为 55 m³，其中：正常运行容积为 40 m³，在水泵正常运行情况下，水泵运行约 1.25 h，停泵约 44 min。事故备用容积为 15 m³，在水泵事故情况下，水塔的水量可供机组运行约 16 min。水塔的高度满足河床电站及北干渠渠首电站机组用水所需要的压力，同时满足南干渠渠首电站机组用水所需要的压力，水塔的底部高程确定为 1 264.0 m。从上游流道取水的加压泵型号为 IDW100 - 400(Ⅰ)B，流量 $Q = 70$ m³/h，扬程 $H = 38$ m，功率 $N = 15$ kW，共设置两台，每台水泵的流量可以满足北干渠电站小机组发电机和轴承的冷却用水量，两台水泵可互为备用。

从水池至厂外生活区水泵房埋设两根 DN200 mm 的吸水总管，水泵房至高位水塔，埋设一根 DN125 mm 的扬水总管，高位水塔至厂房埋设两根 DN200 mm 的供水总管，管路可互为备用。进厂内河床电站和北干渠电站主轴密封的供水干管直接引自全厂的供水总管，在主轴密封的供水干管上设有两个滤水器，经过滤后供河床电站和北干渠电站机组的主轴密封用水，滤水器采用 FZLQ - A 型的电动旋转滤水器，流量 $Q = 68 \sim 86$ m³/h，电动机功率 $N = 0.38$ kW，两台滤水器互为备用。

在北干渠电站小机组上游流道设一根 DN150 mm 取水总管，作为上游取水加压泵的吸水管，在水泵的出口设有两个滤水器，滤水器采用 FZLQ - A 型的电动旋转滤水器，流量 $Q = 68 \sim 86$ m³/h，电动机功率 $N = 0.38$ kW，两台滤水器互为备用。在供给机组冷却水管路上设正反向运行阀组，以便切换水流方向，定期对管路正反向冲洗。水泵房高程

1 231.8 m。北干渠电站发电机和轴承冷却水排至尾水,排水管出口高程 1 227.8 m。所有主轴密封润滑水排至厂内渗漏集水井。主轴密封和冷却器进口压力控制在 0.22 MPa。当汛期黄河水含沙量大于 20 kg/m^3 时,无法满足技术用水的要求,采用地下水作为北干渠电站发电机和轴承冷却备用水源。

另外,从厂内建筑生活总管接一管路作为河床电站和北干渠电站主轴密封润滑用水的备用水源。

3)技术供水设备

技术供水系统主要设备见表 1.2-11。

表 1.2-11　技术供水系统主要设备

序号	名称	规格	数量	单位	说明
1	卧式离心泵	IDW100 - 400(I)B $Q = 70$ m^3/h, $H = 38$ m, $N = 15$ kW	2	台	厂内技术供水泵房,从北干渠电站上游流道取水
2	卧式离心泵	IDW125 - 400(I)B $Q = 87$ m^3/h, $H = 37.5$ m, $N = 18.5$ kW	2	台	厂外技术供水泵房,从施工生活用水水池取水至高位水塔
3	电动旋转滤水器	FZLQ - A,DN100 mm, $N = 0.38$ kW, $Q = 68 \sim 86$ m^3/h	4	台	供水管路
4	电动阀	DN100 mm	9	个	供水管路
5	闸阀	DN200 mm	8	个	供水管路
6	电磁阀	DN40 mm	8	个	供水管路
7	水位测量仪	SSC - 1Y, $H = 10$ m	3	套	低位水池、高位水塔、膨胀水箱各一套

1.2.9.3　排水系统

排水系统分为机组检修排水和厂内渗漏排水两部分。

1)厂内渗漏排水

(1)厂内渗漏排水量及集水井有效容积。

厂内总渗漏水量:43 m^3/h;

其中:厂房渗漏排水量:1.25 m^3/h;

河床电站大机及北干渠电站小机主轴密封排水:30.96 m^3/h;

灯泡体内的冷凝水:0.5 m^3/h;

辅助设备冷却润滑排水:10.0 m^3/h;

渗漏集水井的有效容积:63.7 m^3。

(2)渗漏排水方式:厂内上下游设有渗漏排水总管与厂内集水井连通,渗漏排水总管的高程可以满足各部分自流排水的要求,机电设备各部分的排水分别由支管引至总管排至集水井。排水泵房地面高程 1 231.8 m。

集水井的底板高程为 1 204.00 m,有效容积为 63.7 m^3,可容纳 1.5 h 的渗漏量。

选用两台型号 300JC210 - 10.5 ×4 的长轴深井泵,流量 $Q = 210$ m^3/h,扬程 $H = 42$ m,

功率 $N = 37$ kW,一台工作,一台备用。水泵一次抽排的时间为 0.4 h,停泵的时间为 1.5 h。深井泵由水位计控制自动运行,将集水井中的水排至尾水,排水管出口高程在最低水位冰冻层以下。深井泵润滑水来自技术供水系统。

选用 WQ2210 型清污泵一台,作为集水井检修时清污用,流量 $Q = 45$ m³/h,扬程 $H = 33$ m,电动机功率 $N = 7.5$ kW。

(3)厂内渗漏排水系统设备。

厂内渗漏排水系统主要设备见表 1.2-12。

表 1.2-12　渗漏排水系统主要设备

序号	名称	型号及规格	数量	单位	说明
1	深井泵	300JC210 - 10.5 × 4,$Q = 210$ m³/h,$H = 42$ m,$N = 37$ kW	2	台	一台工作 一台备用
2	潜污泵	WQ2210,$Q = 45$ m³/h,$H = 33$ m,$N = 7.5$ kW	1	台	检修、渗漏集水井共用
3	浮子式水位计	SSC - 3	1	套	

2)机组检修排水系统

本电站的机组检修时间一般安排在非汛期,按一台机组大修考虑,相应的下游尾水位为 1 231.0 m。

(1)机组检修排水量。

一台机组检修排水量:8 455.6 m³;

上游闸门漏水量:38.45 m³/h;

下游闸门漏水量:20.16 m³/h。

(2)检修排水方式。

选用廊道和集水井排水方式,机组检修排水廊道总容积为 950 m³,检修集水井总容积为 1 500 m³。当抽排闸门漏水时,集水井和廊道总有效容积为 460 m³。

本电站选用深井泵作排水设备。深井泵的结构设计及选材要考虑水中的泥沙对泵的磨损及性能影响,其电机底座与集水井盖板应密封防淹。检修排水泵房地面高程高于下游正常尾水位,但低于洪水尾水位,故仍需采取防淹措施。

每台机组上游流道与下游流道分别设有 DN300 mm 的排水管,在 1 213.5 mm 交通廊道设有阀门。厂内检修排水廊道,底板高程为 1 211.8 m,与检修集水井连通,廊道两端设检修用密封进人门,集水井底板高程为 1 204.0 m,选用 3 台 400JC550 - 17 × 2 型防泥沙深井泵,流量 $Q = 550$ m³/h,扬程 $H = 34$ m,电动机功率 $N = 75$ kW。机组检修时首次排水由手动启动三台水泵同时工作,排水时间约 5.3 h,其后水泵转入自动运行,一台工作,一台备用,以排除闸门漏水。

深井泵排水至尾水,其排水管出口高程在最低尾水位冰冻层以下。深井泵润滑水取自技术供水系统。

检修排水廊道淤泥用引自消防水管的高压水冲洗至集水井,再用清污泵抽排至尾水。集水井上方设有密封进人孔,廊道内淤泥板结部位用人工清除。

抽排闸门漏水时水泵每 7.2 h 启动一次,每次工作约 0.9 h。

清污泵为移动式潜水排污泵,为检修和渗漏集水井清淤排污时共用。

(3)厂内检修排水系统主要设备见表 1.2-13。

表 1.2-13　检修排水系统主要设备

序号	名称	型号及规格	数量	单位
1	深井泵	$400JC550 - 17 \times 2, Q = 550$ m³/h, $H = 34$ m $N = 75$ kW	3	台
2	浮子式水位计	SSC – 1Y	1	套

1.2.9.4　压缩空气系统

压缩空气系统包括低压压缩空气系统和中压压缩空气系统。

1)低压压缩空气系统

(1)低压压缩空气系统供气用户及工作压力:

机组用气:机组制动用气、检修密封围带用气;

工业用气:检修风动工具、设备维护吹扫、集水井清淤用气等;

工作压力:0.8 MPa。

(2)设备选择。

采用机组制动空压机和检修空压机联合供气方式,以便互为备用,但应分开设置储气罐和供气管路。工业用气可作为机组用气的备用气源,二者之间用管路和止回阀连接,以提高机组用气的可靠性。

空压机:选择 WF—3/8 型空气压缩机三台,两台工作,一台备用。一台空压机可在最大制动耗气量后 6 min 内恢复储气罐的工作压力。为方便厂区各处临时用气,另设置 V—0.67/7—B 型移动式空压机两台。

储气罐:选择容积 6 m³ 的制动储气罐两个,可满足两台机组同时制动的用气要求。容积 3 m³ 的检修储气罐一个,能满足风动工具同时工作所要求的气源。

(3)低压压缩空气系统主要设备见表 1.2-14。

表 1.2-14　低压压缩空气系统主要设备

序号	名称	规格	单位	数量	说明
1	空压机	WF—3/8, $P = 0.8$ MPa, $Q = 3$ m³/min	台	3	检修制动
2	移动式空压机	V—0.67/7—B, $P = 0.7$ MPa, $Q = 0.67$ m³/min	台	2	检修吹扫
3	储气罐	$V = 6$ m³, $P = 0.8$ MPa	个	2	制动
4	储气罐	$V = 3$ m³, $P = 0.8$ MPa	个	1	检修

2）中压压缩空气系统

（1）中压压缩空气系统供气用户及工作压力：

供气对象：机组油压装置用气；

供气压力：8.0 MPa；

工作压力：河床电站为 6.4 MPa，北干渠渠首电站为 4.0 MPa。

（2）设备选择。

供气方式采用二级压力供气，即压缩空气自高压储气罐经减压后供给压力油罐。这种供气方式可以达到空气干燥度的要求。

选择 WF—0.8/80 型空气压缩机两台，首次充气时两台空压机同时工作，可在 3 h 内将河床电站一台油压装置的压力升至 6.4 MPa，以后一台工作，一台备用。自由空气经空压机压缩后，进入空压机自带的油水分离器、冷却器，去掉空气中的油脂，降低空气温度和湿度，将合格的空气送入两个 1.5 m³、压力 8.0 MPa 的高压储气罐，再分别经减压阀供给河床和北干渠渠首电站。

（3）中压压缩空气系统主要设备见表 1.2-15。

表 1.2-15　中压压缩空气系统主要设备

序号	名称	规格	单位	数量
1	空压机	WF—0.8/80，$P = 8.0$ MPa，$Q = 0.8$ m³/min	台	2
2	储气罐	$V = 1.5$ m³，$P = 8.0$ MPa	个	2

1.2.9.5　油系统

本电站油系统包括透平油系统、绝缘油系统和油化验设备三部分。

1）透平油系统

（1）用油设备及用油量。

河床电站一台机组总用油量：17 m³；

其中：机组润滑油用油量：11 m³；

调速系统用油量：6 m³；

北干电站一台机组总用油量：3.6 m³；

其中：机组润滑油用油量：2.4 m³；

调速系统用油量：1.2 m³；

透平油牌号：L – TSA46（全厂通用）；

系统设计按河床电站一台机组总用油量考虑。

（2）设备选择。

储油设备：选用两个 12 m³ 的净油罐，用于储存净油及备用油。两个 12 m³ 的运行油罐，用于储存新油和油处理。

运油设备：厂内运油选用一辆 0.5 m³ 移动式油槽车。

输油设备：选用两台型号为 2CY – 4：5/3.3 的齿轮油泵，用于接收新油、设备充油、排油和油净化,其输油量为 4.5 m³/h,最大工作压力为 0.33 MPa,功率为 2.2 kW。一台油泵可在 4.3 h 内充满一台机组的用油量,接收新油时,油罐车从主安装场自流卸油至运行油罐。

油净化再生装置:选用透平油处理机一台,流量 6 000 L/h,功率 58.7 kW,一台机组的油量需要 3.2 h。选用 LY – 100 型压力滤油机两台,其生产能力≥100 L/min,工作压力 0 ~ 0.5 MPa,滤油机过滤一台机组的油量需要近 3.2 h。

（3）透平油系统主要设备见表 1.2-16。

表 1.2-16　透平油系统主要设备

序号	名称	型号	规格	单位	数量
1	净油罐		12 m³	个	2
2	运行油罐		12 m³	个	2
3	油泵	2CY – 4.5/3.3	输油量为 4.5 m³/h,最大工作压力 0.33 MPa	台	2
4	压力滤油机	LY – 100	生产能力≥100 L/min,工作压力 0 ~ 0.5 MPa	台	2
5	透平油处理机	ZJCQ – 6	流量 6 000 L/h,工作压力 0 ~ 0.5 MPa	台	1
6	调温烘箱	DX – 1.2	1.2 kW	台	1
7	移动式油槽车		$V = 0.5$ m³	辆	1

2）绝缘油系统

（1）用油设备及用油量。

河床电站一台主变压器的用油量为 18.44 m³;

南、北干渠电站主变压器的用油量为 11.53 m³;

绝缘油牌号:25#;

系统设计按河床电站一台主变压器用油量考虑。

（2）设备选择。

储油设备:选用两个 12 m³ 的净油罐,用于储存净油及备用油。两个 12 m³ 的运行油罐,用于储存新油及油处理。

运油设备:选一辆 0.5 m³ 移动式油槽车。

输油设备:选用两台型号为 2CY – 12/3.3 的齿轮油泵,用于接收新油、设备充油、排油和油净化,其输油量为 12 m³/h,最大工作压力 0.33 MPa,功率为 4 kW。一台油泵可在 1.7 h 内充满一台变压器的用油量,并能在 2 h 内完成装卸 20 t 油罐车作业。

油净化再生装置:选用 ZJB3KY 型的真空滤油机一台。滤油效能指标:流量 3 000 L/h,电动机功率 27.3 kW,一台滤油机过滤一台变压器的油量需要 6.6 h。选用 LY – 50 型压力滤油机一台,其生产能力≥50 L/min,工作压力 0 ~ 0.5 MPa,滤油机过滤一台变压器的油量需要近 6.6 h。

（3）事故油池:按一台主变压器的用油量加上一次消防的用水量,在主变压器附近设有 110 m³ 事故油池一个,用于河床电站两台主变压器以及渠首电站一台主变压器的事故排油。

(4)绝缘油系统主要设备见表 1.2-17。

表 1.2-17 绝缘油系统主要设备

序号	名称	型号	规格	单位	数量
1	净油罐		12 m³	个	2
2	运行油罐		12 m³	个	2
3	油泵	2CY - 12/3.3	输油量为 12 m³/h, 工作压力 0.33 MPa	台	2
4	压力滤油机	LY - 50	生产能力≥50 L/min, 工作压力 0 ~ 0.5 MPa	台	1
5	真空滤油机	ZJB3KY	流量 3 000 L/h, 工作压力 0 ~ 0.5 MPa	台	1
6	调温烘箱	DX - 1.2	1.2 kW	台	1
7	油化验仪器设备		按简化分析项目配置	套	1
8	移动式油槽车		$V = 0.5$ m³	辆	1

3)油化验设备

考虑沙坡头枢纽电站距中卫县县城较近,电站油化验仪器设备按简化分析项目配置,油化验全分析可以到中卫县县城进行。

1.2:9.6 水力监视测量系统

河床及北干渠电站水力监视量测系统分全厂性测量和机组段测量两部分。

1)全厂性测量

全厂性测量的项目有:上游水位、下游水位、电站毛水头、水库水温和冷却水水温的测量。上游水位、下游水位及毛水头的测量采用 SSC - 3 型的水位测量仪,测量范围为 0 ~ 10 m。河床电站上下游各设 1 套,北干渠电站下游设一套。水库水温测量采用 WSW - 50 型深水温度计 1 个,测量范围 0 ~ 50 ℃。

全厂性测量采用集中显示方式,设置非电量监测盘一块,并留有接口与计算机监控系统连接。

2)机组段测量

机组段的测量项目有:拦污栅压差,上游流道压力、尾水管出口压力、水轮机净水头、水轮机流量、导叶前压力、导叶后真空压力、尾水管进口真空压力测量。

拦污栅压差测量:拦污栅前的测点采用上游水位的测量信号,拦污栅后的测点在每台机的拦污栅后各设一个 SSC - 3 型的水位测量仪,测量范围 0 ~ 10 m。

水轮机净水头测量:上游测点设在进口流道闸门后,下游测点设在尾水管出口。采用 SSK204 - S400 型压力变送器 8 只,量程为 0 ~ 400 kPa;SSK204 - S250 型压力变送器 2 只,量程为 0 ~ 250 kPa 与 0 ~ 160 kPa。

水轮机流量测量:采用上游流道与导叶前两个端面的压差测量,采用差压变送器

SSK352A – A 型,量程为 0 ~ 6 kPa。

导叶前压力测量:测点设在导叶前。采用 SSK204 – S400 型压力变送器 4 只,量程为 0 ~ 400 kPa;SSK204 – S250 型压力变送器 1 只,量程为 0 ~ 250 kPa。

导叶后真空压力测量:测点设在导叶后,采用 SSK204 – K500 型压力变送器 4 只,量程为 – 100 ~ 500 kPa;SSK204 – K300 型压力变送器 1 只,量程为 – 100 ~ 300 kPa。

尾水管真空压力测量:测点设在尾水管进口,采用 SK204 – K300 型压力变送器 4 只,量程为 – 100 ~ 300 kPa;SSK204 – K150 型压力变送器 1 只,量程为 – 100 ~ 150 kPa。

机组段测量的显示,采用集中显示和现场显示,集中显示在每台机组的机旁盘设有非电量显示盘一块,并留有接口与计算机监控系统连接。现场显示的项目有:上游流道压力、尾水管出口压力、导叶前压力、导叶后真空压力、尾水管真空压力。

3)水力监视量测系统

水力监视量测系统主要设备见表 1.2-18。

表 1.2-18　河床及北干渠电站水力监视量测系统主要设备

序号	名称	型号及规格	量程范围	单位	数量
1	温度变送器	WSW – 50	0 ~ 50 ℃ 准确度等级 0.5 级	个	2
2	水位测量仪	SSC – 3 型	测量范围 0 ~ 10 m	只	8
3	压力变送器	SSK204 – S400	量程为 0 ~ 400 kPa	只	12
4	差压变送器	SSK352A – A	量桯为 0 ~ 6 kPa	只	5
5	压力变送器	SSK204 – S250	量程为 0 ~ 250 kPa	只	2
6	压力变送器	SSK204 – S160	量程为 0 ~ 160 kPa	只	1
7	压力变送器	SSK204 – K500	量程为 – 100 ~ 500 kPa	只	4
8	压力变送器	SSK204 – K150	量程为 – 100 ~ 150 kPa	只	1
9	压力变送器	SSK204 – K300	量程为 – 100 ~ 300 kPa	只	5

1.2.9.7　主要机电设备消防

根据《自动喷水灭火系统设计规范》(GBJ 84—1985)、《电力设备典型消防规程》(DL 5027—1993)、《水喷雾灭火系统设计规范》(报批稿)、《水利水电工程设计防火规范》(SDJ 278—1990)等的规定及厂家建议,本电站 3 台单机容量为 2.9 万 kW 的灯泡贯流式水轮发电机组采用固定式水喷雾灭火系统。

1.2.10　水力机械厂房布置

河床电站布置在主河槽的左侧,装设有 4 台容量 29 MW 的灯泡贯流式水轮发电机组和北干渠渠首电站 1 台容量 3.1 MW 的灯泡贯流式水轮发电机组。河床电站与北干渠渠首电站主厂房合为一体,并设置共用的辅机设备间和安装场。主厂房 1 237.30 m 左端为主安装场,右端为副安装场。

1.2.10.1 主厂房平面尺寸控制

1)机组段长度

机组段长度主要受主机宽度和排沙洞尺寸控制,此外还要考虑机组和排沙洞之间的混凝土厚度。按主机本体控制,河床电站机组段需要 19.5 m;北干渠渠首电站需要 13 m,加之排沙洞的宽度,确定河床电站机组段长度为 25.7 m,北干渠渠首电站机组段长度为 18 m。

2)主厂房宽度

本电站吊运灯泡式机组的通道采用双竖井式布置,因此主厂房宽度受机组本体长度控制。其水轮机竖井与发电机竖井之间的距离为 17.3 m,同时考虑厂房上、下游侧机旁盘柜及通道等,确定主厂房宽度为 20.5 m。

3)安装场长度

安装场长度按满足一台机组安装或大修时布置机组五大件的要求,同时考虑机组部件的翻身、吊运,车辆进、出场装卸等。结合电站布置的具体条件,设有主、副安装场。左端为主安装场,长度为 25 m;右端为副安装场,长度为 22 m。

4)主厂房总长度

主厂房从左至右为:主安装场长度为 25 m,北干渠(1#机)总长度为 18 m,河床电站(2#～5#机)总长度为 102.8 m,副安装场长度为 22 m,主厂房总长度为 167.8 m。

1.2.10.2 主厂房主要高程

根据水轮发电机组制造厂家提供的技术资料,确定厂房各主要高程如下:

1)河床电站

水轮机安装高程:1 221.80 m;

水轮机进口流道底板高程:1 214.135 m;

尾水管出口流道底板高程:1 214.80 m;

水轮机竖井廊道底板高程:1 213.50 m;

机组段运行层地面高程:1 233.165 m。

2)北干渠渠首电站

水轮机安装高程:1 227.80 m

水轮机进口流道底板高程:1 224.50 m;

尾水管出口流道底板高程:1 225.28 m;

水轮机竖井廊道底板高程:1 221.50 m;

机组段运行层地面高程:1 233.165 m。

为交通运输方便,主、副安装场高程与厂外交通在同一高程上,即:

安装场地面高程:1 237.30 m

桥机轨顶高程按照发电机转子的吊运及翻身确定:

轨顶高程:1 250.80 m

(说明:为降低厂房高度,导水机构翻身在北干渠电站下游侧场地进行)。

1.2.10.3 机组周围附属设备及楼梯通道布置

每个机组段均设发电机竖井和水轮机竖井,调速器及油压装置布置在运行层的发电机竖井左侧,主机段两端与主、副安装场之间各设一个主楼梯通向运行层。主、副安装场分别设有吊物孔,通至下一层的空压机室、水泵房以及油处理室。机组的机旁盘柜靠下游侧布置。

主厂房上桥机的楼梯分别设在主、副安装场的上游侧。

1.2.10.4 水力机械辅助设备布置

高位油箱室设置两个,均布置在主厂房出水侧外墙上,高程为 1 246.80 m。高位油箱共五个,每台机组一个,其中北干渠(1#机)和河床(2#机)的高位油箱单独布置在一个高位油箱室,河床(3#、4#、5#机)的高位油箱分别布置在另外一个高位油箱室。轴承回油箱,河床电站均布置在 1 213.50 m 交通廊道,北干渠渠首电站布置在水轮机竖井 1 221.50 m 高程。

河床电站每台机组的膨胀水箱布置在各机组发电机竖井侧壁上。

排水泵房设在副安装场下部的副厂房内,高程为 1 231.80 m。布置五台深井泵,其中两台用于渗漏排水,三台用于检修排水。

空压机室设在副安装场下部,高程为 1 231.80 m。布置五台空压机、五个储气罐。其中两台中压空压机,三台低压空压机,两个中压储气罐,三个低压储气罐。

透平油罐室设在主安装场下部,高程为 1 231.80 m。布置四个 12 m³ 的储油罐。

透平油处理室设在油罐室右侧,布置压力滤油机两台,真空滤油机一台,齿轮油泵两台。

烘箱室设在油处理室旁,布置一台烘箱。

机械修理间、电焊间及工具间设在左侧副厂房,高程 1 237.30 m。布置普通车床一台、牛头刨床一台、方柱立式钻床各一台,以及台钻砂轮机等机修设备。

水轮机值班室、发电机值班室及调速器值班室设在左侧副厂房,高程 1 237.30 m。

全厂性的水、气、油管路布置在管道廊道内。

发电机和变压器消防用的雨淋阀室设在 1 231.665 m 高程的副厂房。

技术供水室设在主安装场下部,高程为 1 231.80 m。布置四个滤水器和两台卧式离心泵。

1.3 冲击式水轮机主机选型及水力机械系统设计

本节以重庆茅草坝水利枢纽工程荆竹电站水力机械设计为例,介绍冲击式电站主机选型及水力机械系统设计。

茅草坝水利水电工程由茅草坝水库、荆竹电站、西槽水库、小寨电站扩建两库两站和向茅草坝水库提供补充水源的断头河引水工程组成。

茅草坝水库位于奉节县兴隆区长安乡撒谷溪上游茅草坝河段,拦河坝坝址位于撒谷溪上游三汉河口以上 250 m 处的茅草坝河主河道上,距奉节县城 126 km。茅草坝水库坝址控制流域面积 39.7 km²(含断头河引水工程控制断头河流域 5.4 km²),坝址多年平均年径流量 5 902 万 m³（含断头河多年平均年引水量 802 万 m³），水库总库容 5 259 万 m³，其中调节库容 4 151 万 m³。茅草坝水库是多年调节水库。

荆竹电站位于奉节县兴隆镇荆竹乡，距奉节县城 72 km，距著名的小寨天坑水平距离 2.6 km。荆竹电站由茅草坝水库引水发电，利用水头约 608 m，引水线路总长 8 890 m，其中引水隧洞长 5 340 m，引水钢管长 3 550 m，引水隧洞及引水钢管直径分别为 2 m 和 1.3 m。荆竹电站设计额定水头 556 m，引水流量 6.26 m³/s，装机 2 台，单机容量 1.5 万 kW。荆竹电站尾水注入西槽水库。

1.3.1　电站基本资料

（1）水位。

上游水位：1 717.00～1 738.00 m；

下游设计尾水位：1 130.00 m。

（2）水轮机运行水头（净水头）。

最大水头：565 m；

最小水头：544 m；

加权平均水头：556.40 m；

额定水头：556 m。

（3）引用流量。

电站发电最大引用流量：6.81 m³/s；

电站发电最小引用流量：1.0 m³/s。

（4）装机容量 3 万 kW。

1.3.2　水轮机选择

1.3.2.1　机型选择

本电站水头超过 500 m，可供选择的机型有冲击式水轮机和混流式水轮机。采用冲击式水轮机或混流式水轮机主要取决于以下因素。

1）水轮机性能参数比较

混流式水轮机具有较高的 n_s，最高效率比冲击式水轮机高 1%～2%，并且混流式水轮机转轮的比例效应随尺寸的增加而增加。尺寸越大的机组，效率也越高。但混流式水轮机的缺点是不适合带部分负荷，在带 50% 以下负荷时，严重偏离最优工况区，效率急剧下降，水力脉动严重，脉动引起振动并且带来气蚀破坏。

冲击式水轮机最高效率稍低于混流式水轮机，但其效率曲线很平缓。当冲击式水轮机在低于额定功率或超负荷运行时，其效率反而比混流式水轮机高，更适合带峰荷运行的水电站，运行平稳且无水压脉动。但冲击式水轮机机组的尺寸越大，其比例效应越小。一般真机效率和模型效率之差最大仅为 0.5%，其主要原因有两个：一是真机的空气阻力带来的损失大于模型机，二是真机在机坑内水雾带来的阻力大于模型机。由于冲击式水轮机的比例效应很小，所以一般可以忽略不计，只有当机组尺寸小到一定程度才考虑比例效应的影响。

2）电站投资、运行比较

随着水头的增高，混流式水轮机为保证工作时不产生气蚀，要求电站开挖深度增加导致工程土建造价相应增加。

在同样流量下，水头高则冲击式机组比混流式机组造价低。此外，对混流式水轮机的最高使用水头做了限制。这是因为高水头混流式水轮机使用的材料有很高的要求，并且必须采用高强度的座环、顶盖和底环，以防止由于间隙气蚀造成导叶与顶盖、底环之间的气蚀磨损破坏。所以，在高水头情况下，混流式水轮机的制造成本将大幅度提高。

冲击式水轮机调速系统比较简单，机组运转操作方便。不少经验表明，在高水头情况下采用冲击式水轮机在降低工程费用、提高设备利用率等方面优于采用高水头混流式水轮机。

3）气蚀及泥沙磨损

对于冲击式水轮机而言，在水斗、分水刃及喷嘴等承受高速水流的部位往往受泥沙磨损破坏特别严重，并且可能引起气蚀破坏。但水轮机的检修周期主要是受水轮机组效率降低这个因素控制。

冲击式水轮机过流部件有较高的相对速度，喷嘴、水斗都易产生泥沙磨损破坏，因此在含泥沙水流电站中使用较少。本电站水流中含沙量较少，可以忽略泥沙对水轮机选择的影响。

根据以上分析，推荐荆竹电站选用冲击式水轮机。

1.3.2.2　立式机组与卧式机组比较

1）水头利用

由于卧式机组比立式机组安装高 $D_1/2$，所以本电站采用立式机组较卧式机组能多利用水头。

2）运行稳定性

卧式机组重心较高，稳定性较差，对于大容量机组，常会出现振动现象，立式机组承受轴向载荷，重心易控制，稳定性好。

3）噪声

卧式水斗机组，噪声强度特别大，常为 80～90 dB，立式机组由于水轮机层和发电机层逐层隔音，噪声显著减弱。

4）主厂房布置

立式机组主厂房与卧式机组主厂房宽度基本相同，立式机组主厂房高度要求高些，卧式机组主厂房较矮，但要求主厂房空间大，通常卧式机组主厂房面积为立式机组主厂房的1.17～1.25 倍。卧式机组检修场地也较立式机组大20%～30%。

显然，采用立式机组是合理的。

1.3.2.3　机组台数比较

主要对电站装机两台和三台方案进行比较，不同机组台数的水轮机参数比较结果见表 1.3-1。

表 1.3-1 不同机组台数水轮机参数比较

项目	单位	方案一	方案二
台数	台	2	3
模型转轮型号		CJ237	CJ237
单机容量	万 kW	1.5	1.0
转轮标称直径	m	1.60	1.30
额定转速	r/min	600	750
水轮机额定出力	万 kW	1.547	1.036
额定流量	m³/s	3.129	2.10
额定工况电站过机流量	m³/s	6.26	6.30
额定点效率	%	90	90
比转速	m·kW	27.39	34.24
喷嘴数	个	4	4
单个喷嘴比转速	m·kW	13.70	17.12
单台机组总质量	t	50	43
电站机组投资价	万元	1 050	1 324.5
电站机组投资差价	万元	0	274.5

由表 1.3-1 比较可知,选用两台机组的水轮发电机组机电设备投资比三台机组要少约 274.5 万元,而且三台机组因为厂房尺寸的增大,土建投资也要大幅增加。所以,本阶段推荐选用两台冲击式水轮发电机组,单机容量 1.5 万 kW。

1.3.2.4 喷嘴数选择

根据冲击式水轮机的统计资料和设计规范要求,保证最高效率的冲击式水轮机单喷嘴的比转速为:$n_s = 8 \sim 18$ m·kW,超出此范围,水轮机的效率将显著下降。

由于单喷嘴的比转速有这样的限制,所以可以用增加喷嘴数来提高水轮机的比转速,以提高技术经济指标。多喷嘴水轮机的比转速 $N_s = n_s Z^{1/2}$。

本电站水轮机比转速 $N_s = 27.39$ m·kW,所以取喷嘴数 $Z = 4$,相应的单喷嘴比转速 $n_s = 13.70$ m·kW,满足规范要求。

1.3.2.5 选定方案的水轮发电机组主要参数

本电站选用两台立式四喷嘴冲击式水轮发电机组,单机容量 1.5 万 kW。水轮发电机组主要参数如下:

(1)水轮机。

水轮机型号:CJA237 - L - 160/4 × 11;

转轮型号:CJ237;

转轮标称直径:1.6 m;

型式:立式;

喷嘴数:4 个;

喷嘴直径:11 cm;

额定出力:15 470 kW;

额定流量:3.129 m³/s;

额定效率:90%;

额定水头:556 m;

额定转速:600 r/min。

(2)发电机。

发电机型号:SF15-10/2860;

额定转速:600 r/min;

额定效率:97%;

额定电压:10 500 V;

额定功率因数:0.8 滞后。

冲击式水轮机是由转动部分、喷嘴装配、配水环管、机盖与轴承、管路部分及预埋部分等组成。为确保机组压力钢管的安全,设置了由直流式内控型喷嘴和偏流器组成的双重调节机构。动作由调速器控制,调节性能良好,完全能满足电能质量和调节保证的要求。此外,每台水轮机的进水管前装有一个直径为 800 mm 的电动球阀,便于检修喷嘴和事故停机。

为方便可靠地操作喷针和偏流器,本机型采用油压控制和操作,控制油通过调速器控制阀进行控制。

在转轮室坑的下方设有平水栅,停机后,供装配检修用。

1.3.3 水轮机安装高程的选择

立轴水斗式水轮机转轮中心高程应高于最高尾水位,满足排出高度要求,使水斗式水轮机安全稳定运行,避开变负荷时的涌浪,保证通风,防止因尾水渠中的涡流及水流飞溅而造成的能量损失。

在确定排出高度时,要保证必要的通风高度,以免在尾水渠中产生严重的涌浪和涡流,使机组产生严重振动和功率摆动。

本电站最高尾水位为 1 130.00 m,初步确定机组安装高程为 1 133.00 m。

1.3.4 机组调节保证

本电站有压引水系统长 8.89 km,为改善机组运行条件,在离电站 3.62 km 处的有压引水隧洞上设置内径 6 m 的简单圆筒式调压井,调压井的最高涌浪水位为 1 747.34 m,最低涌浪水位为 1 728.00 m。

在最大水头时,按两台机满负荷发电甩负荷计算,调压井以下的引水系统的 $\sum LV$ 值为 17 081.52 m²/s。机组的 $GD^2 = 56$ t·m²,水轮机接力器线性关闭时间为 0~17 s,折向器关闭时间 3 s,钢管末端最大压力为 722.26 m,最大压力升高为 117.26 m,上升率

19.4%,机组速率上升值不大于33.9%,满足调节保证要求。

1.3.5 机组附属设备及厂房起重设备

选定的机组附属设备及厂房起重设备见表1.3-2。

表1.3-2 机组附属设备及厂房起重设备

序号	名称	型号	单位	数量	说明
1	进水阀装置	JZQ-00/Φ800×6.8	台	2	
2	调速器型号	PLC-CJ-20/4	台	2	
3	油压装置	HYZ-1.6-4	台	2	
4	桥式起重机	主钩起重量50 t,跨度13.5 m	台	1	最重件转子连轴重42 t

1.3.6 主要机电设备消防

根据《自动喷水灭火系统设计规范》(GBJ 84—1985)、《电力设备典型消防规程》(DL 5027—1993)、《水喷雾灭火系统设计规范》(报批稿)、《水利水电工程设计防火规范》(SDJ 278—1990)等的规定及厂家建议,本电站2台单机容量为1.5万kW的冲击式水轮发电机组采用固定式水喷雾灭火系统。

1.3.7 水力机械厂房布置

1.3.7.1 主厂房控制性平面尺寸

1)机组段长度

机组段长度主要受水轮机蜗壳外形尺寸控制,此外考虑到机组间的混凝土厚度以及转轮吊物孔的尺寸,初拟电站机组段长度为12.5 m。

2)主厂房宽度

主厂房宽度受水轮机蜗壳外形尺寸和进水阀布置控制,同时考虑厂房上、下游侧机旁盘柜及运行通道等,确定主厂房宽度为15.4 m,桥机跨度为13.5 m。

3)安装场长度

安装场的长度按满足一台机组安装或大修时布置机组发电机上机架、发电机定子、转子、转轮四大件的要求,同时考虑机组部件的装配、吊运、车辆进、出场装卸等,结合电站布置的具体条件,在主厂房右端设安装场,长度为16 m。

4)主厂房总长度

主厂房从左至右为:电站(1#~2#机)总长度为28 m,安装场长度为16 m,主厂房总长度为44 m。

1.3.7.2 主厂房主要高程

初步确定主厂房各主要高程如下:

水轮机安装高程:1 133.00 m;

水轮机层高程:1 134.50 m;

发电机层高程:1 141.13 m;

桥机轨顶高程:1 150.20 m;

厂房顶高程:1 153.20 m。

1.3.7.3 机组附属设备布置

调速器及油压装置布置在发电机层上游的发电机右侧,进水阀布置在厂房进水侧机组中心线右侧。

1.3.7.4 水力机械辅助设备及布置

本电站设置中压和低压压缩空气系统,用于机组制动及检修吹扫,空压机室设在安装场下部,高程为 1 136.13 m。

本电站设置透平油系统,用于机组用油的储存、净化处理和机组充排油,透平油罐室、透平油处理室设在安装场下部,高程为 1 131.20 m。烘箱室设在油处理室旁。

本电站设置机械修理间、电焊间及工具间。

本电站设置水泵技术供水系统,用于发电机组的冷却,技术供水室设在安装场下部,高程为 1 136.13 m。

本电站设有绝缘油系统,用于变压器绝缘油的储存、净化处理和变压器充排油。

第2章 水泵站主泵选型及水力机械系统设计

2.1 中高扬程水泵站主泵选型及水力机械系统设计

本节以某省重点水源工程调水泵站水力机械设计为例,介绍中高扬程泵站主泵选型及水力机械系统设计。

2.1.1 泵站概述

(1)根据工程规划水文资料,泵站流量:设计为 5.30 m³/s,最大为 6.07 m³/s,最小为 2.20 m³/s,进水池、出水池水库水位见表 2.1-1。

表 2.1-1 一级泵站特征水位 （单位:m,1985 年国家高程基准）

工况	最高水位	最低水位	设计水位
进水池	514.00	484.81	510.60
出水池	600.00	600.00	600.00

(2)泵站几何扬程见表 2.1-2。

表 2.1-2 一级泵站几何扬程

状态	泵站几何扬程(m)
最高	115.19
设计	89.40
最低	86.0

2.1.2 主泵选型

2.1.2.1 水泵扬程

泵站进水系统最小流量、设计流量和最大流量的水力损失分别为 0.2 m、1.4 m 和 1.7 m,出水系统最小流量、设计流量和最大流量的水力损失分别为 0.2 m、1.5 m 和 1.7 m。

根据泵站进、出水池水位,考虑在设计流量时,泵站进水系统、出水系统、水泵及厂内管路渐变等厂内损失等总的水力损失合计为 4.9 m,则设计扬程为:$H_r = 89.40 + 4.9 = 94.30(m)$,取设计扬程为 95 m,最大扬程为 120.59 m,最小扬程为 88.4 m。

2.1.2.2 泵型选择

根据泵站扬程范围,适用于本泵站的泵型有立式离心泵和卧式离心泵。

（1）两种泵型相比，对于中型离心泵，卧式离心泵比立式离心泵运行可靠，制造厂家设计、制造经验丰富，有成功运行经验。

（2）从泵组价格来看，卧式离心泵的厂房布置简单，厂房投资较低；立式离心泵厂房需分层布置，厂房土建投资较大。

综上所述，本阶段推荐选用卧式离心泵。

2.1.2.3　装机台数选择

根据设计供水流量、最大供水流量和最小供水流量要求，考虑装机台数与不同流量的匹配，本阶段推荐 7 台机组方案（设计工况下 5 台工作，2 台备用）。

由于本泵站流量设计为 5.30 m^3/s，最大为 6.07 m^3/s，最小为 2.20 m^3/s，考虑泵组并联运行的设计点流量小于 5 台单泵设计流量的和，故取单泵设计流量为 1.15 m^3/s，泵站运行在设计工况：5 台工作，2 台备用，5 台泵运行流量范围为 5.30 ~ 5.75 m^3/s；在最大运行流量情况下：6 台工作，1 台备用，6 台泵运行流量范围为 6.07 ~ 6.90 m^3/s；在最小运行流量情况下：2 台工作，2 台泵运行流量范围为 2.20 ~ 2.3 m^3/s，基本满足泵站运行流量及各种工况匹配要求。

2.1.2.4　水泵转速 n 的选择

本泵站设计扬程 95 m，为中等扬程，按有关统计经验，当采用单级双吸离心泵时，该扬程段的离心泵推荐比转速（n_s）处于 80 ~ 150 $m \cdot kW$。按确定的单泵流量和泵型推算，水泵转速 n 的选择范围为 622 ~ 1 166 r/min，对应区域的标准同步转速值分别为：750 r/min、1 000 r/min，为了保证水泵具有良好的水力性能，比转速又不宜过低。参照国内水泵制造厂家样本，综合考虑，单机流量 1.15 m^3/s 方案推荐以 1 000 r/min 同步转速为主方案，相应的水泵设计点比转速 n_s 为 128.7 $m \cdot kW$。

2.1.2.5　推荐的水泵电动机组真机参数

泵组参数见表 2.1-3。

表 2.1-3　泵组参数

项目	单位	A（装机 7 台）
叶轮直径	mm	860
设计扬程	m	95
设计流量	m^3/s	1.15
设计点效率	%	87
设计比转速	$m \cdot kW$	128.7
电机功率	kW	1 800
台数		7
总装机容量	MW	12.6
电机转速（变频）	r/min	980
电机电压	V	6 000

2.1.2.6 水泵最大轴功率校核

《泵站设计规范》规定:主电动机的容量应按水泵运行可能出现的最大轴功率选配,并留有一定储备,储备系数宜为 1.05~1.1,本泵站取 1.1,根据选用泵的运行性能,泵组在最小扬程时的轴功率最大,为 1 460 kW,电动机功率应≥1 606 kW,本泵站电动机配用功率为 1 800 kW,满足规范要求。

2.1.3 水泵安装高程

泵站进水池最低水位为 484.81 m。

水泵的安装高程应按水泵运行所需要的最大吸上高度 H_s 确定。

$$H_s = 10 - \nabla/900 - K \times NPSHreq_{max} - \nabla h_{吸}$$

式中 ∇——泵站高程,取 484 m;

   $NPSHreq$——水泵必需气蚀余量,m,取 6.9 m;

   K——安全系数,考虑到扬程变化较大和泥沙影响,为保证水泵能够无气蚀运行,取 $K = 1.8$;

   $\nabla h_{吸}$——水泵进水管水力损失,m,取 2.0 m。

计算 H_s 为 -5.0 m,相应的水泵安装高程为 479.81 m;取水泵安装高程为 478.65 m,考虑到卧式泵的安装特点,确定进出水管安装高程为:进水管中心线 478.0 m、出水管中心线 478.0 m。

2.1.4 泵站流量调节与平衡

本泵站采用一根总管出水,泵站供水主要满足灌溉用水、工业用水和生活用水,泵站出水池库容较小,调节能力为 5 min。

本泵站进水前池最大水位变化约 29.19 m,水泵扬程变幅达到 32 m,而且由于不同时期及每天不同的时间段用水户需要水量变化较大,供水流量平衡显得非常重要,根据已建成运行的梯级泵站经验、教训,泵站间流量不平衡就会出现水泵抽干、进气、水泵及管线强烈振动问题,危及泵站土建工程及泵组、输水管线的安全,扬程和流量变化区间大对如何保证整个供水系统的流量平衡及水泵的安全稳定运行提出了严格的要求。

为解决以上问题,本泵站的运行调度采取以下办法:

(1)在泵站扬程变幅较小时,流量大幅调整采用变换机组台数运行。

(2)泵站扬程变化较大时,为了维持供水流量,水泵需要变速运行,使水泵尽量在高效区运行,减少泵站弃水。

(3)流量的小幅调整通过变换泵组台数无法实现,而泵站的出水池又没有储存多余水的能力,为防止出水池被二级泵站抽空,引起二级泵站水泵进气及运行的不安全,也为了满足用户水量的要求,根据用户水量调整的泵组总流量必须略大于用户水量,此时多于出水池储存能力的水流就会溢出而浪费,所以必须采用变频调节,使泵组出流与用户调度用水量一致,以满足用户量需求。

随着容量在 2 000 kW 左右的电动机的变频调速技术日渐成熟和节能要求,特别是投资成本的降低和工程实际需要,设计选用低耗能、精调流的变频调节方案势在必行。

为避免水泵经常在偏离设计工况运行、便于灵活调度、简化操作程序和降低控制难度,选用"一对一"拖动变频调速方案。

2.1.5 泵抗泥沙磨蚀措施

由于水泵扬程高且变幅大,为了尽量避免含沙水流对水泵通流部件的泥沙磨蚀,今后需要结合设备招标采购,提出对水泵通流部件抗泥沙磨蚀保护措施的要求,包括:进一步优化水泵通流部件结构和水力设计参数,水泵易遭受泥沙磨蚀的部件采用耐磨蚀结构和易拆卸维护结构,防止泥沙淤积;采用先进合理的加工制造工艺,降低通流部件表面粗糙度,提高流道表面型线准确度;通流部件选用合适的耐泥沙磨蚀材料制造,通流表面尽可能辅以抗泥沙磨蚀涂层保护措施,以及加强水泵整体结构设计、制造强度和刚度,通过必要措施降低水泵运行噪声,提高基础受力安全和可靠性等。

水泵采用变频调速,通过优化控制可改善水泵运行状态,对改善水泵通流部件的泥沙磨损是有益的。但是,为了尽量避免含沙水流对水泵通流部件的泥沙磨蚀,还必须对水泵通流部件的设计采取进一步的措施。

2.1.5.1 结构设计

常规的轴套设计是转动部件与泵体之间的相对运动,轴套与泵体之间间隙 δ,无泥沙磨损时,间隙不会增加;但在水质含沙量大时,容易造成转动部件轴套与泵体之间的磨损,使间隙 δ 增大,而间隙 δ 增大后表现在两个方面的磨损(一为轴套的磨损,二为泵体的磨损),轴套的磨损问题可以通过更换轴套来解决,但是泵体的磨损问题就很难解决。而更改后的结构就解决了泵体磨损的问题,通过增加一个防磨损套,使防磨损套与泵体之间保持相对静止,使转动部件与防磨损套之间相对运动,从而保护泵体。

常规的密封环的设计是叶轮与密封环之间的相对运动,叶轮与密封环之间间隙,无泥沙磨损时,磨损很少;一般通过更换密封环就可以解决。但在水质含沙量大时,容易造成叶轮与密封环之间的磨损,使间隙增大,而间隙增大后也同样表现在两个方面的磨损,一为叶轮的磨损,二为密封环的磨损。对此种情况有两方面对策,一是在叶轮上增加耐磨口环,二是采用了更加耐磨的沉淀型不锈钢 ZG0Cr17Ni4Cu4Nb 作为耐磨口环和密封环的材质。即使考虑到更换,只要对叶轮部分的耐磨口环更换即可,不用更换整个叶轮,从而达到更高的性价比。

2.1.5.2 材料的选择

针对水质含有泥沙的问题,建议水泵选用的材质如下:泵体材质为优质 ZG310 - 570 铸钢件,具有较高的硬度和耐磨性;叶轮的材质为 ZG0Cr13Ni4Mo 铸不锈钢,具有高强度和高硬度,有优良的抗气蚀和冲蚀性能;耐磨口环材质为外镶嵌沉淀型不锈钢 ZG0Cr17Ni4Cu4Nb;轴套材质为 ZG2Cr13;轴的材质为 2Cr13;密封环材质为耐磨沉淀型不锈钢 ZG0Cr17Ni4Cu4Nb。

2.1.5.3 抗泥沙磨蚀涂层防护

在过流部位上主要是叶轮、泵腔等零部件表面的侵蚀、磨损、冲击、擦伤、微震等原因造成生产效率下降,维修成本提高,维修时间增加,使用寿命降低等危害。针对以上问题,对主要过流部位的零部件进行热喷涂处理。

泵件热喷涂(耐磨、耐腐蚀涂层等)是一项机械零件修复和预保护的新技术。它能够对零部件表面喷涂防腐、耐磨、抗高温、耐氧化、隔热、绝缘、导电、密封、防微波辐射等多种功能涂层。它可以在新产品制造中进行强化和预保护，使其"益寿延年"，也可以在设备维修中修旧利废，使报废的零部件"起死回生"。目前在设备、材料、工艺、科研等方面都在迅速发展提高，它已成为机械产品提高性能、延长寿命、降低成本的一个不可缺少的技术手段，已成为表面工程的一个重要组成部分。其发展趋势为：设备(喷枪)方面向高能、高速、多功能、超音速发展；材料方面由金属、陶瓷、塑料三大类已向单一与复合涂层材料系列化、标准化、商品化方向发展，以保证不同用途高质量涂层的需要；工艺方面从简单的手工操作发展到计算机自动程序控制、机械手操作；从零件局部喷涂修补发展到大型钢结构整体喷涂现场施工；从军品宇航工业发展到民品应用等。

在将叶轮、泵体外协以超音速火焰喷涂设备和等离子喷涂设备对上述零部件的工作表面进行热喷涂工艺处理后，使工作表面具有耐热、耐磨损、耐化学腐蚀性能，表面强度增强，大幅度提高了使用寿命，平均提高 3～5 倍，提高了产品质量，降低了维修成本，减少了维修时间，提高了生产效率。

热喷涂工艺及相关数据：

喷涂工艺：超音速热喷涂(HVOF)；

喷涂材料：硬质合金($Co-W_c$)；

预计喷涂厚度：0.3～0.4 mm；

涂层硬度：HV1200～HV1500。

2.1.6 泵站过渡过程特性

高扬程、长管路离心泵站突发断电事故情况下的过渡过程比较复杂，为解决这一问题，在水泵出口设有液控缓闭止回阀，作为水泵关阀造压启动和事故情况下的安全防护。设计工作将结合水泵电动泵组的实际特性和水泵出口液压阀门阻力及关闭特性，通过优化阀门分段关闭规律优化调节保证计算结果，从而消除停泵时产生的水锤，确保在出现最大断电事故情况下(设计工况运行的 5 台泵组同时失电)，作用在水泵出口的最大压力升高和水泵电动泵组的倒转转速不超过有关规程、规范的规定。

有关泵站过渡过程计算研究的技术研究详见第 5 章。

2.1.7 水泵进、出口主阀

根据水工设计，从泵站进水池分别向 7 台水泵分水；在水泵出水侧，7 台水泵并联后汇合至出水总管，向下级泵站供水，整个水力系统比较复杂，对阀门的可靠性要求很高。为保证泵站的安全运行和检修维护，在每台水泵的进水管上设置一道阀门，而在出水管上设置两道阀门。进水管上的阀门为检修阀门，为减小厂房的跨度，保证进水管电磁流量计的测流精度，故选用电动操作半球阀；出水管上第一道阀门为工作阀门，主要用于水泵闭阀造压启动、泵组正常停机和泵组突然事故失电水击防护，阀门执行机构采用液控操作，型式为半球阀。第二道阀为泵组与缓闭阀的检修阀门，型式为电动操作半球阀。阀门参数见表 2.1-4。

表 2.1-4　泵站水泵进出口阀门配置及参数

参数	规格、型号
水泵进水管检修阀门	
阀门型式	金属硬密封电动半球阀
公称直径 DN(mm)	800
压力 PN(MPa)	1.0
操作方式	电动
水泵出口缓闭阀	
阀门型式	液控缓闭止回半球阀
公称直径 DN(mm)	700
压力 PN(MPa)	2.5
操作方式	液压
水泵出水管检修阀门	
阀门型式	金属硬密封电动半球阀
公称直径 DN(mm)	500
公称压力 PN(MPa)	2.5
操作方式	电动

2.1.8　主厂房起吊设备

为简化设备基础施工要求、降低设备安装难度,水泵电动机组采用公用底座进行安装,这就需要考虑水泵、电动机和公用底座一起整体起吊。根据制造厂初步复询的设备质量,水泵电动机组(含公用底座)的总质量大约在 20 t,因此主厂房选用一台 32 t/5 t 单小车桥式起重机,作为水泵电动泵组、进出水阀门及其附属设备安装、检修起吊设备使用。

2.1.9　辅助设备系统

2.1.9.1　技术供水系统

设备用水量(初步估算):

一台泵组冷却用水量为:13.5 m^3/h;

其中:电动机空气冷却器为 12.0 m^3/h;

水泵轴封用清洁水量为 1.5 m^3/h。

泵站泵组冷却供水系统采用水泵集中供水方式。按照泵站正常 5 台泵组运行、最大 6 台泵组运行要求,泵站共设 4 台供水泵和 4 台滤水器(3 台工作,1 台备用)。自动滤水器采用定时自动清污、手动清污或采用压差控制自动清污 3 种工作方式。

在 1#~4# 主水泵进水电动阀前的压力钢管上,各设 1 个技术供水取水口,取水后分别接入全厂 DN150 mm 取水总管,引至技术供水泵房,由 DN80 mm 的支管分别接入供水泵。每个取水口的取水量可满足 2 台泵组的冷却水量,取水口互为备用。

在技术供水泵房设一根通向全厂的 DN150 mm 供水管向各台泵组供水。为了防止泥沙污物淤堵设备和管路,在各泵组段 DN80 mm 供水管路上设有正反冲阀组,可定期手动切换或在 LCU 屏上设定定时切换正反向运行,以冲刷冷却管路使其畅通;经过泵组各冷却器后的水汇至 DN80 mm 排水总管排至水泵进水管。

泵站技术供水系统主要设备配置见表 2.1-5。

表 2.1-5　泵站技术供水系统主要设备配置

序号	设备名称	规格	单位	数量	说明
1	立式离心供水泵	80 – 200 A,$Q = 32.8$ m³/h,$H = 47$ m,$N = 11$ kW	台	4	技术供水泵房
2	电动旋转滤水器	DLS80　DN80 mm,PN1.0MPa,$Q = 55$ m³/h	台	4	技术供水泵房
3	移动式空压机	HTA—65H,PN1.25MPa,$Q = 0.22$ m³/m,$N = 2.2$ kW	台	1	技术供水泵房

2.1.9.2　初扬水充水系统

本泵站为中高扬程离心式水泵,泵站在出水系统无水的情况下,初次启动泵组需要采用初扬水充水泵充水。为此,在泵站设置了初扬水充水系统。充水时,先将进、出水系统自流平压,然后利用两台充水泵将泵站出水侧水位充水至规定的水位高程,该高程对应于主泵第一次启动,其进、出水位差应达到水泵设计扬程的 2/3 以上,主泵才具备启动条件。

初扬水充水系统设有 2 台立式离心泵,2 台同时工作,其主要参数为:单泵流量 30 m³/h,水泵扬程 80 m,电机功率 18.5 kW。

初扬水充水泵为手动启动,由初扬水总管上的持压调节阀自动控制阀前压力不变,以保持初扬水充水泵运行在规定的工作点附近,当主泵进、出水两侧的水位差达到 60 m 以上时充水完毕,手动停泵并手动关闭充水管路上的所有阀门。

泵站初扬水充水系统设备配置见表 2.1-6。

表 2.1-6　泵站初扬水充水系统设备配置

序号	设备名称	规格	单位	数量	说明
1	立式离心泵	$Q = 30$ m³/h,$H = 80$ m,$N = 18.5$ kW	台	2	布置在主厂房厂内
2	水力控制阀	DN80 mm,PN1.6 MPa	台	2	布置在水泵出口
3	水力持压控制阀	DN100 mm,PN1.6 MPa	台	1	布置在充水总管道上

2.1.9.3　排水系统

排水系统包括厂内渗漏排水和泵组检修排水两部分。排水系统共用 1 个集水井和 2 台潜水排水泵。

1)厂内渗漏排水量及集水井有效容积

厂内总渗漏水量为:7.88 m³/h;

其中:厂房渗漏排水 5 m³/h;

水泵压盖封水排水 2.88 m³/h;

渗漏集水井的有效容积 28.5 m³。

2）渗漏排水方式

厂内设有渗漏排水总管与厂内集水井连通,渗漏排水总管的高程可以满足各部分自流排水的要求,机电设备各部分的排水分别由支管引至排水总管,再排至集水井。排水泵房地面高程为 476.0 m。

考虑厂房的安全,集水井的底板高程为 469.60 m,有效容积为 28.5 m³,可容纳厂内 3.6 h 的渗漏水量。

选用两台型号为 80WQ50 - 60 - 15 的潜水排水泵,流量 $Q = 50$ m³/h,扬程 $H = 60$ m,功率 $N = 15$ kW,1 台工作,1 台备用。水泵一次抽排的时间约为 0.6 h,停泵的时间为 3.6 h。潜水泵由水位计控制自动运行,将集水井中的水排至进水前池,排水管出口高程在进水前池最高水位以上。

选用 50WQ15 - 50 - 7.5 型清污泵 1 台,作为集水井检修时清污用,流量 $Q = 15$ m³/h,扬程 $H = 50$ m,电动机功率 $N = 7.5$ kW。

3）泵组检修排水量

1 台泵组检修排水量为:3.7 m³;

进出口阀门漏水量为:0.8 m³/h。

4）检修排水方式

由于泵组段的集水量较少,检修排水采用间接排水方式,即与渗漏排水共用一个集水井,有效容积为 28.5 m³。

在每台泵组进水检修阀后和出水工作阀前分别设有 DN50 mm 的排水管道。当泵组检修排水时,关闭进出水管的检修阀门,打开排水管道的排水阀,将泵组段内的积水排至集水井,由潜水泵排至进水前池,潜水泵由水位计控制自动运行。另在每台泵组进水检修阀前和出水检修阀后分别设有 DN100 mm 的检修排水连通管。当泵站进出水系统检修时,关闭进出水管的检修阀门,由泵站检修排水连通管将出水系统内的水体排至进水前池。

泵站排水系统主要设备配置见表 2.1-7。

表 2.1-7　泵站排水系统设备配置

序号	设备名称	规格	单位	数量	说明
1	潜水排污泵	80WQ50 - 60 - 15, $Q = 50$ m³/h, $H = 60$ m, $N = 15$ kW	台	2	厂内排水泵房
2	移动式潜水排污泵	50WQ15 - 50 - 7.5, $Q = 15$ m³/h, $H = 50$ m, $N = 7.5$ kW	台	1	厂内排水泵房
3	水力控制阀	DN80 mm, PN1.0 MPa	台	2	排水泵出口
4	浮球式水位计	量程 0~5 m	套	1	测量集水井水位

2.1.9.4　油系统

本泵站泵组用油量很少,所以不设固定的透平油系统,只是配置 1 台移动式加油车和必要的简易油化验仪器。

泵站在地面开关站设有 2 台 SZ11 - 8000/110 8MVA 主变压器,用油量约为 7 t,45#绝缘油。

绝缘油系统不考虑配置储油设备,当变压器油需要净化时,由油净化再生装置现场将油过滤再生。

配置精密过滤机 1 台,型号为 JYG - 30,其生产能力≥30 L/min,工作压力为 0 ~ 0.5 MPa,电动机功率 9.6 kW,滤油机过滤 1 台变压器的油量需要约 2.2 h。

油净化再生装置:选用 ZJB - 0.6KY 型的真空滤油机 1 台。净油流量为 600 L/h,电动机功率 15 kW,净化 1 台变压器的油量需要 6.6 h。

一级泵站透平油与绝缘油系统主要设备配置见表 2.1-8。

表 2.1-8 一级泵站透平油与绝缘油系统主要设备配置

序号	名称	型号	规格	单位	数量	说明
1	精密过滤机	JYG - 30	生产能力≥30 L/min,工作压力 0 ~ 0.5 MPa,$N = 9.6$ kW	台	1	绝缘油系统
2	真空滤油机	ZJB - 0.6KY	流量 600 L/h,工作压力 0 ~ 0.5 MPa,$N = 15$ kW	台	1	绝缘油系统
3	移动式油槽车		$V = 0.5$ m³	辆	1	透平油系统

2.1.9.5 水力测量系统

泵站水力监视量测系统分全厂性测量和泵组段测量两部分。

1)全厂性测量

全厂性测量的项目有前池水位、出水池水位、泵站几何扬程、前池水温、过机水流含沙量的测量。前池水位、出水池水位及几何扬程的测量,采用两套投入式的水位测量仪,测量范围为:前池 0 ~ 10 m,出水池 0 ~ 25 m。

前池水温测量采用 WSW - 50 型深水温度计 1 个,测量范围 0 ~ 40 ℃。

过机水流含沙量测量,在水泵出水管道上装设一套含沙测量仪,可以随时监测过机水流的含沙量。

泵站总流量测量:泵站出水总管设置电磁流量计一套,用于测量泵站的总出水流量,便于水量计量和机组运行台数及变速运行的计划、调度。

全厂性测量采用集中显示方式,设置非电量监测盘一块,并留有接口与计算机监控系统连接。

2)泵组段测量

泵组段测量项目有水泵流量测量、进水管压力测量、水泵进口压力测量、水泵净扬程测量、水泵出口压力测量、工作阀门后压力测量、出水管压力测量、水泵轴承振动和泵轴摆度测量。

水泵流量测量:在每台水泵的进水管上设有电磁流量计,在现地显示瞬时流量和累积流量,将信号送到机旁水力量测盘,并留有 4～20 mA 模拟量接口与计算机监控系统连接。

进水管压力测量:测点设在进水阀前,采用压力变送器将压力信号送到机旁水力量测盘。

水泵进口压力测量:测点设在进水阀后,采用压力变送器将压力信号送到机旁水力量测盘,并留有 4～20 mA 模拟量接口与计算机监控系统连接。

水泵出口压力测量:测点设在出水工作阀前,采用压力变送器将压力信号送到机旁水力量测盘,并留有 4～20 mA 模拟量接口与计算机监控系统连接。

工作阀门后压力测量:测点设在出水工作阀后,采用压力变送器将压力信号送到机旁水力量测盘,并留有 4～20 mA 模拟量接口与计算机监控系统连接。

出水管压力测量:测点设在出水检修阀后,采用压力变送器将压力信号送到机旁水力量测盘。

泵站水力监视量测系统主要设备配置见表 2.1-9。

表 2.1-9　泵站水力监测系统主要设备配置

序号	名称	规格要求	单位	数量
1	温度变送器	0～40 ℃,准确度等级 0.5 级	个	1
2	投入式液位变送器	测量范围 0～10 m,精度 ±0.25%	只	1
3	投入式液位变送器	测量范围 0～25 m,精度 ±0.25%	只	1
4	压力变送器	量程为 0～0.25 MPa	只	14
5	压力变送器	量程为 0～2 MPa	只	21
6	含沙测量仪		套	1
7	电磁流量计	DN800 mm,PN0.6 MPa,精度 ±1.0%	套	7
8	泵组振动摆度盘		套	7
9	电磁流量计	DN1400 mm,PN2.0 MPa,精度 ±1.0%	套	1

2.1.10　厂房布置

泵组采用单级双吸离心泵卧式布置,主厂房内设有 DN800 mm 进水电动检修阀和 DN700 mm 出水工作阀以及 DN700 mm 出水电动检修阀。泵组间距为 8.0 m,边泵组段距安装场为 4 m,另一侧边泵组段考虑桥机吊钩限制线要求和边电动机现场抽芯要求为 8 m,主厂房长度为 72 m,安装间长度为 12 m。

主厂房宽度:厂房采用正向进、出水。厂房进水侧考虑进水阀和测流要求,净宽 5.5 m;泵站出水压力总管布置在泵房内并贯穿全机组段,出水侧净宽取 9.9 m;主厂房桥机轨道基础梁采用岩壁吊车梁,桥机实际跨度为 15 m。

主厂房高程:水泵安装高程为 478.65 m;进出水管安装高程为:进水管中心线 478.0 m、出水管中心线 478.0 m;水泵层地面高程为 476.0 m,安装场地面高程为 481.0 m;桥机轨顶高程为 488.50 m。

水力机械辅助设备布置在安装场下面：有排水泵场地、技术供水泵场地、初扬水充水泵场地等。

厂房内设置简易机修工具间，用于放置简单机修工具和移动式空压机及移动式油处理设备等。

2.2 低扬程水泵站主泵选型及水力机械系统设计

2.2.1 概述

2011 年初中央 1 号文件《中共中央 国务院关于加快水利改革发展的决定》下达，2011 年 7 月 8~9 日，中央水利工作会议在北京举行，胡锦涛在讲话中指出，兴水利，除水害，历来是治国安邦的大事。水利工程尤其是排涝和灌溉关系国计民生和安全，所以得到了党和政府的高度重视，国家加大了这方面的投资。由于排涝和灌溉扬程一般都比较低，轴流泵的选用也越来越多，轴流泵液体沿泵轴线方向流动，泵的扬程低，流量大，适合于吸送清水或物理化学性质类似于清水的其他液体，在农田灌溉、城乡排涝、排污或其他水利工程中得以广泛应用，常用的轴流泵有立式轴流泵和潜水轴流泵，轴流泵在工程中的设计选型主要从以下几方面入手。

2.2.1.1 泵站净扬程

泵站净扬程由以下公式计算得出：

最大净扬程 H_{jmax} = 出水池最高水位(m) − 前池最低水位(m)；

最小净扬程 H_{jmin} = 出水池最低水位(m) − 前池最高水位(m)；

设计净扬程 H_{jr} = 出水池设计水位(m) − 前池设计水位(m)。

2.2.1.2 泵站扬程计算

泵站设计扬程由以下公式计算得出：

$$H_r = H_{jr} + h_f + \frac{v^2}{2g}$$

式中　H_{jr}——泵站几何扬程；

　　　h_f——进出水系统的水头损失；

　　　$\frac{v^2}{2g}$——水泵出口动能损失。

根据泵站进、出水池的水位，考虑在设计流量时的进出水系统的水力损失、扩散管水力损失、出口断流装置损失、出口流速动能，即可计算设计扬程。

出口断流装置损失根据选用的装置种类进行计算。

2.2.1.3 泵型选择

根据泵站的运行扬程范围，当泵站的扬程范围小于 12 m 时，优先采用技术很成熟、应用很广泛的轴流泵，轴流泵的泵型又分为立式轴流泵和潜水轴流泵等。立式轴流泵和潜水轴流泵主要从以下几方面进行比较：

（1）大型潜水电机制造经验尚不成熟，大型泵站的轴流泵应采用立式轴流泵。

（2）从水泵运行来看，潜水轴流泵潜入水中，不需清水润滑和冷却，且运行维护简单，机泵运行平衡性好、稳定、振动小、噪声低。

（3）从机组价格来看，立式轴流泵的机电投资较少，潜水轴流泵一次性投资大、配置简单。

（4）从土建投资来看，潜水轴流泵的开挖深度稍大，但厂房结构简单，立式轴流泵需设置相对复杂的主厂房，所以混凝土浇筑土方量远大于潜水轴流泵，潜水轴流泵站的整体投资要小于立式轴流泵组。

（5）从水泵运行管理来看，潜水轴流泵因泵组都设置于地面以下，对于远离市区且比较分散的泵站群来说能更方便管理。

（6）从泵组的安装程序和费用来看，因潜水轴流泵与电机构成一体，无需在现场进行装配，安装简便，费用低。

2.2.1.4 水泵台数选择

泵站设计规范规定：泵站装机台数以 3～9 台为宜。流量变幅大的泵站，台数宜多，流量变幅小的泵站，台数宜少。台数的多少涉及机电和土建投资的变化，所以要进行经济比较，另外还要根据泵站规模和国内主要泵厂的产品性能和样本，选用泵组台数。

2.2.1.5 电动机功率

应计算在设计工况下的配套电动机的功率，并计算在校核工况下（最大流量及对应扬程情况下）的配套电动机的功率，取最大的配套电动机功率，储备系数按 1.05～1.1 选取。

根据以上确定的泵站扬程、水泵流量，在厂家提供的选型曲线上即可选出相应的泵型。

2.2.2 水泵结构及布置

2.2.2.1 水泵结构

1）立式轴流水泵结构

叶片为半调节型式。

泵壳由底座、叶轮外壳、导叶体及导叶衬圈所组成，底座为整圆结构，叶轮外壳采用中开分瓣结构，分成两瓣，用法兰螺栓把合，利于检修拆装，导叶体为整圆结构，导叶衬圈为整圆结构，上述四部分相互之间采用法兰螺栓连接。结合面设有止封橡皮条。

叶轮外壳与导叶体之间设有 15 mm 轴向间隙，并配有垫块，以利于装卸和调节。

导叶体中部装有水泵导轴承，导轴承采用分块式水润滑橡胶轴承，水泵主轴与电机主轴采用法兰连接。

2）潜水轴流水泵结构

潜水电泵的潜水电机置于泵的上方，具有可靠的机械密封及辅助密封，并具有泄漏及内部绕组温升保护装置，潜水电机必须是全淹没式并应达到相应的防护等级。电机定子和绕组均应采用 F 级绝缘，电机绝缘应采用真空压力浸漆的 VPI 工艺技术，在 40 ℃泵送介质温度中最大温升不超过 100 K。电机在没有外部冷却系统的情况下，在 40 ℃泵送介质温度中连续运转,而不会引起任何有害影响。接到电机上的供电和控制电缆必须适合在水下使用,水泵与电机为一根共同轴,泵轴与泵送水流在结构上设置成完全分开。潜水泵泵轴配备串联式双层独立的机械密封系统,密封装置在油室内运行,密封接触面在常速条件下通过液压作用来润滑。

2.2.2.2 厂房布置

常规立式轴流泵厂房一般采用分层布置,分湿室型泵房和干室型泵房,水泵基础高程受限于前池最低水位,电动机层高程受限于前池最高水位,厂房下部进水池为单机单池形式,大型立式轴流泵组一般采用肘形流道,肘管进水流道的水力损失小,但对土建施工要求较高,小型立式轴流泵组一般采用钟型进水流道,钟型进水流道要求机组间距大。干室型泵房分流道层、水泵层和电动机层,湿室型泵房水泵层可以采用水下梁布置,也可以采用明显的水泵层,但要低于前池最低水位,运行时淹没在水中。

潜水轴流泵的厂房布置简单,下部进水池采用单机单池形式,其间以隔墩相隔。水泵进水流道采用钟型进水流道,水泵基础高程受限于前池最低水位。根据情况,地坪以上可以不设置主厂房,地坪以上采用悬臂梁结构,安装单轨葫芦吊车,起吊潜水泵。

2.2.2.3 断流方式

断流方式主要有快速闸门断流、出口拍门断流及虹吸真空阀断流。

虹吸式流道轴线长,断面复杂,施工较困难,土建工程量大,投资高。虹吸管顶部容易存气,易引起机组振动,不宜采用。

快速闸门断流,要求闸门的控制进入泵的开停机程序多一套控制设备,需要可靠的控制设备和控制程序。

出口拍门断流的缺点是:水力损失稍大,但设备控制简单,不需要电气控制设备,投资少,施工简单。但由于拍门需要淹没在水中,需要为此而降低厂房的安装高程,所以增加了土建投资。

橡胶缓闭逆止阀(鸭嘴阀)断流,水力损失很小,结构很简单,但是一次性投资成本较高,水泵出口口径较大时不推荐使用。

现在国内推广一种节能型拍门,采用侧向开启,由于阀门力矩改变,阀板自重力矩大大减小,阀门开启角度大,介质可在敞开的全通道中直流,水头损失极小,由于不需要淹没在水中,不需要为此而降低厂房的安装高程,节省了土建投资。

2.2.3 辅助设备

2.2.3.1 技术供水系统

常规立式轴流泵采用干式泵房(水泵基础不淹没在水中),水泵在启动前应对水泵轴承进行润滑,润滑水质要求含沙量不大于 0.1 kg/m³,最大沙粒直径不大于 0.1 mm,水泵润滑水可取自站内生活用水。润滑水在水泵启动前自动接入,水泵启动后延时切断。

常规立式轴流泵采用湿式泵房(水泵基础淹没在水中),水泵在启动前可以采用前池水进入带过滤网的水管再进入水泵轴承进行润滑。

潜水轴流泵电机在没有外部冷却系统的情况下,在 40·℃泵送介质温度中连续运转,而不会引起任何有害影响。

2.2.3.2 排水系统

常规立式轴流泵站排水系统设检修排水系统。潜水轴流泵站可不设置。

泵组检修安排在非汛期进行。需抽排进水流道中的积水时，将移动式排水泵从水泵基础孔投入进水流道中进行抽排。

2.2.3.3 水力量测系统

泵站水力量测系统设有以下项目：

(1)进水池水位、出水池压力及水泵扬程；

(2)拦污栅前、后水位及压差；

(3)水泵流量；

(4)水泵进、出口压力。

2.2.3.4 厂内起重设备

(1)常规轴流泵站，规模较大或单机容量较大的泵站采用电动双梁桥式起重机，规模较小或单机容量较小的泵站采用单轨葫芦吊车，泵站机电设备吊运最重件为电动机，吊运最长件为水泵主轴，故根据电动机重量和主轴长度选用起重机起吊量和起吊高度，主厂房设置安装间，可以对水泵、电动机及其他机电设备进行一般的维修。

(2)潜水轴流泵站大多选用单轨葫芦吊车，泵站机电设备吊运最重件和最长件均为泵组，故根据泵组重量和长度，选用电动葫芦起重量和起吊高度，泵组吊运后用运输工具运输到维修厂进行维修。

2.2.4 常规立式轴流泵站主泵及辅机系统设计

下面以安徽华阳河洲头西排涝站为例介绍常规立式轴流泵站水力机械设计。

根据华阳河流域复兴洲西片防洪除涝规划，洲头西泵站分为两部分，其中排港部分由原驿三港开挖引渠至泵站前池，设计流量为 41.9 m³/s；另一部分为排除圩口内涝水，设计流量为 9.6 m³/s。

根据《华阳河流域复兴洲西片防洪除涝规划》，洲头西泵站的运行方式为：当湖水位在 13.5(驿里闸蓄水位)~14.2 m 时，驿里闸开启，对港节制闸、前池调节闸、圩口节制闸开启，高、低排区自排；当湖水位在 14.2~15.0 m 时，对港节制闸关闭，排圩机组开机，抽排低排区涝水，如低排区来水较大或湖水位接近 15.0 m，排港机组开机，集中抽排低排区涝水，预降沟塘水位；当湖水位达到 15.0 m 并呈上升趋势时，驿里闸关闭，如港内水量较大，且圩区低排区无须排涝时，圩口节制闸关闭，排圩机组关机，排港机组开机，单独抽排高排区涝水，如预报有强降雨且低排区仍不紧张，排圩机组开机，集中抽排港水，预降港道水位，增加调蓄库容；如高、低排区均有排涝要求，如港水流量不太大，前池调节闸关闭，排圩机组和排港机组开机，独立抽排各排区涝水；如港水达到设计流量，则前池调节闸开启调节，使港水进入排圩机组前池，但不得影响圩口的排涝，利用排圩机组共同抽排涝水。

2.2.4.1 排涝泵站运行时进出、水池的水位及几何扬程

根据防洪除涝规划，洲头西泵站进水池的水位：

设计水位：排港机组按驿里闸关闸时的港道水位确定为 15.1 m，排圩机组按圩区 95%的田面不受涝推算到站前的水位为 14.2 m。

最低水位:排港机组按满足机排区自排设计港道水位确定为 14.0 m,排圩机组按排除地下水要求确定为 13.5 m。

最高运行水位:排港和排圩机组均按港道的防洪能力确定为 16.0 m。

防洪水位:排港和排圩机组均按沿湖堤防规划的防洪标准确定为 16.8 m。

出水池水位如下:

设计水位:按主排涝期华阳湖 10 年一遇 3 日平均水位确定为 16.2 m。

最低运行水位:排港部分机组采用驿里闸关闸时的闸下水位为 15.0 m,排圩机组按排圩部分设计自排时港道水位为 14.2 m。

最高运行水位及防洪水位:采用华阳湖实测最高水位,为 17.35 m。

洲头西泵站的水位及几何扬程见表 2.2-1。

表 2.2-1 洲头西泵站进、出水池水位及几何扬程

	水位(m)	最低水位	设计水位	最高水位	防洪水位
排港部分	进水池	14.0	15.1	16.0	16.8
	出水池	15.0	16.2	17.35	17.35
	几何扬程	$H_{jmax} = 3.35$ m, $H_{jr} = 1.1$ m, $H_{jmin} = 0$ m			
	水位(m)	最低水位	设计水位	最高水位	防洪水位
排圩部分	进水池	13.5	14.2	14.8	16.8
	出水池	14.2	16.2	17.35	17.35
	几何扬程	$H_{jmax} = 3.85$ m, $H_{jr} = 2.0$ m, $H_{jmin} = 0$ m			

2.2.4.2 水泵选型

1)泵站扬程

泵站扬程计算公式为

$$H_r = H_{jr} + h_f + \frac{v^2}{2g}$$

式中 H_r——泵站的设计扬程;

H_{jr}——泵站几何扬程;

h_f——进出水系统的水头损失;

$\frac{v^2}{2g}$——水泵出口动能损失。

根据洲头西泵站进、出水池的水位,考虑在设计流量时,流道的水力损失,则排港机组的设计扬程计算如下:

流道水力损失为 0.6 m,出口动能损失为 0.56 m,出口拍门损失为 0.59 m,设计扬程为:

$$H_r = 1.1 + 0.6 + 0.56 + 0.59 = 2.85 (m)$$

则排圩机组的设计扬程计算如下:

流道水力损失为 0.55 m,出口动能损失为 0.49 m,出口拍门损失为 0.56 m,设计扬程为:

$$H_r = 2.0 + 0.55 + 0.49 + 0.56 = 3.60(m)$$

2)水泵型式

根据洲头西泵站的规模和运行方式,适用本泵站的泵组有立式轴流机组、卧式轴流机组。根据本泵站的运行方式及运行管理的方便、灵活、可靠等要求,排港机组和排圩机组采用同一种泵组,其中排港部分装机 3 台,排圩部分装机 2 台。立式轴流泵组、卧式轴流泵组参数见表 2.2-2。

表 2.2-2　水泵机型比较(以排圩机组为例)

项目	单位	立式轴流泵	卧式轴流泵
水泵型号		1600ZLB11 – 3.3	1600ISKM
设计转角		– 2°	+ 4°
设计扬程	m	3.6	3.6
设计流量	m^3/s	9.74	10.00
设计点效率	%	89.6	84.04
设计比转速	m·kW	298.5	302.5
最大扬程	m	5.00	5.00
电机功率	kW	500	500
电机转速	r/min	250	250
总装机台数		5	5

从表 2.2-2 中可得出以下结论:

从运行参数来看,两种泵型均可满足本泵站的要求,但在运行区内立式轴流泵的效率稍高。

从水泵运行可靠性来看,立式轴流泵较好。

从机组价格来看,立式轴流泵的机电投资较少。

从厂房开挖深度来看,立式轴流泵的开挖深度较大。

从混凝土浇筑费用米看,卧式轴流泵费用稍高。

从泵站总投资来看,立式轴流泵比潜水轴流泵低。

从水泵运行管理来看,立式轴流泵较潜水轴流泵好。

结论:通过比较,选用立式轴流泵组。

3)水泵参数

根据洲头西泵站的运行工况,立式轴流泵 1600ZLB11 – 3.3(– 2°)的泵组参数如表 2.2-3 所示。

表 2.2-3　水泵参数

机组位置	单位	排港泵组	排圩泵组
水泵型号		1600ZLB11 - 3.3	1600ZLB11 - 3.3
叶轮直径	mm	1 600	1 600
叶片转角		-2°	-2°
设计扬程	m	2.85	3.60
设计流量	m^3/s	10.46	9.74
设计点效率	%	88.7	89.6
设计轴功率	kW	330	384
设计比转速	m·kW	368.6	298.5
额定转速	r/min	250	
采用最小淹没深度	m	-3.7	-3.2
配用功率	kW	500	
流量范围	m^3/s	8.0~12.0	
扬程范围	m	0~5.0	
效率范围	%	80~89.6	
旋转方向		俯视顺时针	
水泵总重	t	20	
水泵安装高程	m	10.30	
泵组间距	m	5.7	
厂房总长	m	36.6	

同步电动机参数如下：

型号:TL500 - 24/1730;

额定功率:500 kW;

额定电压:6 kV;

额定功率因数:0.9(超前);

额定转速:250 r/min;

定转子绝缘等级:F 级;

电动机中性点采用不接地方式;

励磁装置:可控硅静止励磁;

台数:5 台;

启动方式:全电压直接启动;

通风方式:半管道式通风。

在额定转速下,不同扬程时水泵流量、轴功率和效率见表2.2-4。

表2.2-4 1600ZLB11-3.3(-2°)水泵流量、扬程及效率

点号	流量(m³/s)	扬程(m)	效率(%)	轴功率(kW)
1	11.17	2.00	83.3	263
2	10.02	3.30	89.4	363
4	9.80	3.50	89.6	375.5
3	7.95	5.20	83.3	487

4)水泵结构

(1)叶轮。

叶轮叶片数为3片,轮毂比为0.519。叶片为半调节型式。

叶轮的叶片采用ZG1Cr18Ni9钢整铸,轮毂采用ZG230-450钢整铸。

(2)泵壳。

泵壳由底座、叶轮外壳、导叶体及导叶衬圈所组成。

底座为整圆结构,采用HT200铸铁整铸。

叶轮外壳采用中开分瓣结构,分成两瓣,每瓣采用ZG230-450钢整铸,并衬焊不锈钢,用法兰螺栓把合,利于检修拆装。

导叶体为整圆结构,采用HT200铸铁整铸,设有8个叶片。

导叶衬圈为整圆结构,采用HT200铸铁整铸。

上述四件相互之间采用法兰螺栓连接。结合面设有止封橡皮条。

叶轮外壳与导叶体之间设有15 mm轴向间隙,并配有垫块,以利于装卸和调节。

导叶体中部装有水泵导轴承。

(3)导轴承。

导轴承采用分块式水润滑橡胶轴承。

导轴瓦分2块,每块采用HT200铸铁整铸,瓦面衬以聚氨酯橡胶。

(4)主轴。

主轴采用35号钢锻制,主轴直径为220 mm。

在水导轴承处铺焊1Cr18Ni9Ti不锈钢衬套,在填料密封处设有耐磨衬套。

水泵主轴与电机主轴采用法兰连接。

(5)填料密封。

填料密封采用油浸石棉盘根填料函形式。

水封环分2瓣,每瓣采用HT200铸铁整铸。

5)水泵安装高程

(1)排港泵组。

根据水泵性能的要求,转轮的最小淹没深度 $H_s = 1.50$ m,前池最低水位 $\bigtriangledown_{min} = 14.00$ m,则水泵的安装高程为12.50 m。由于本排涝泵站的特性,保证在设计工况下出水管淹没深度为0.3 m,则水泵安装高程为10.30 m。取水泵的安装高程采用10.30 m。

（2）排圩泵组。

根据水泵性能的要求，转轮的最小淹没深度 $H_s = 1.50$ m，前池最低水位 $\nabla_{min} = 13.50$ m，则水泵的安装高程为 12.00 m。由于本排涝泵站的特性，保证在设计工况下出水管淹没深度为 0.3 m，则水泵安装高程为 10.30 m。取水泵的安装高程采用 10.30 m。

2.2.4.3　流道

1）进水流道

由于泵站采用定型机组；肘形流道有成熟的运行和施工经验；喇叭口进水流道要求的机组间距很大；钟形流道的施工要求高；泵肘管进水流道的水力损失小，故进水流道采用肘形进水管。

1600ZLB11 - 3.3 的进水流道尺寸为：

肘管进口尺寸为 $H \times B = 4.5$ m $\times 4.0$ m，进口流速 $v_{进} = 0.58$ m/s（$Q = 10.46$ m³/s）。

肘管出口尺寸为 $\phi 1.68$ m，出口流速 $v_{出} = 4.72$ m/s（$Q = 10.46$ m³/s）。

2）断流方式

断流方式主要有快速闸门断流、出口拍门断流及虹吸真空阀断流。

虹吸式流道轴线长，断面复杂，施工较困难，土建工程量大，金属结构用量较大。水泵启动时需有抽气及补气装置，要求出水流道止水严密，不漏气，管路安装要求高，且维护管理工作量大。

快速闸门断流，要求闸门的控制进入泵的开停机程序多一套控制设备，需要可靠的控制设备和控制程序。

出口拍门断流的缺点是：水力损失稍大，但设备控制简单，不需要电气控制设备，投资少，施工简单，建议采用。

3）出水流道

根据水泵的泵型资料确定出水流道后接出水渠至原港道，出水流道采用直管出流方式。直管式出水流道结构简单，施工方便，与虹吸式出水流道相比，可降低厂房高度，混凝土耗量少，启动扬程低，运行较稳定，但水头损失较大。出水流道主要由以下部分组成。

（1）出水弯管。

泵组的出水弯管均为 60° + 30° 等径弯管。内径 $D = 1\ 600$ mm，弯曲半径 $R = 1.5D = 2\ 400$ mm。

（2）出水伸缩管。

出水伸缩管为 DN1600 mm 的钢制伸缩管，长 800 mm，伸缩量为 3 mm。

（3）出水扩散管。

进口为圆形，$\phi 1\ 670$ mm，进口流速 $v = 4.78$ m/s（$Q = 10.46$ m³/s）。出口直径为 2 000 mm，出口流速 $v = 3.33$ m/s（$Q = 10.46$ m³/s）。出水管中心高程为 15.60 m。

（4）出口拍门。

出水管出口设浮箱式双片自由拍门，拍门尺寸为 $\phi 2\ 000$ mm。

2.2.4.4　辅助设备

1）技术供水系统

（1）耗水量。

一台 1600ZLB11 - 3.3 泵组的耗水量:12 m³/h。

五台泵组的耗水量:60 m³/h。

厂内其他用水:5 m³/h。

泵组的总耗水量:65 m³/h。

(2)水压。

冷却器进口水压:0.15~0.2 MPa。

润滑水压力:0.15~0.2 MPa。

(3)水质要求。

润滑水的水质要求如下:

含沙量:不大于 0.1 kg/m³。

最大沙粒直径:不大于 0.1 mm。

(4)供水方式。

采用供水泵集中供水方式。

技术供水泵布置于安装场下的水泵层中的技术供水泵房内,厂内设 DN100 mm 的技术供水总管和 DN40 mm 的密封润滑供水管。密封润滑水由技术供水管经滤水器后供水。

(5)水源。

采用从进水池取水方式。进水池的水质经过滤后可满足冷却及润滑水质要求。

(6)供水设备。

选择 IS100 - 80 - 160B 型单级单吸离心泵两台,一台工作,一台备用,定期手动切换。冷却水选用一台 FZLQ - 100 自动滤水器,润滑水选用一台 FZLQ - 40 自动滤水器。

水泵参数:$Q = 86.6$ m³/h, $H = 24$ m, $N = 11$ kW。

FZLQ - 100 滤水器参数:$Q = 85$ m³/h, $N = 0.5$ kW。

FZLQ - 40 滤水器参数:$Q = 12$ m³/h, $N = 0.37$ kW。

2)排水系统

(1)渗漏排水与检修排水合用一套排水系统,共用一套排水设备。

(2)检修排水水量为 120 m³,检修时进水闸门在水位以下,出水拍门在出水池水位以上,则漏水量按进水闸门设计,闸门漏水量按 1.5 L/(s·m)计算,则漏水量为 92 m³/h。

(3)集水廊道容积根据厂房布置的要求,其容积为 180 m³。

集水井水位整定如下:

停泵水位:7.00 m;

工作泵启动水位:9.50 m。

(4)检修时,首先使集水廊道的水位在 7.00 m 以上,然后打开流道排水阀 DN200 mm 长柄手阀向集水廊道内排水,两台水泵同时启动。第一次抽排水时间为 1 h,然后用一台泵间断抽排漏水。

(5)选择 100QW120 - 10 - 5.5 型潜水排污泵 2 台。

水泵参数:$Q = 120$ m³/h, $H = 10$ m, $N = 5.5$ kW。

(6)渗漏水量按厂房渗漏水 40 m³/h 考虑。在 4.5 h 内可将集水廊道充满,正常情况下,一台工作,一台备用。抽排时间为 1.5 h。

（7）两台排水泵独立工作，排入进水池，排水管出口高程为 13.50 m。

（8）只允许一台泵组进行检修，不允许两台及两台以上泵组同时检修。

3）压缩空气系统

厂内压缩系统为低压压缩空气系统，压力为 7×10^5 Pa。

低压压缩空气系统设有 2V－0.6/7－A 型移动式空压机一台（$Q = 0.6$ m³/min，$P = 7 \times 10^5$ Pa，$N = 5.5$ kW），$V = 1$ m³ 的储气罐一个，主要用于风动工具及维修吹扫等。泵组正常停机时，不加制动，借助水的阻力使机组停机，如因拍门漏水机组不能自动停机，则视具体情况进行手动强迫制动。

4）油系统

本泵站油系统分为透平油系统和绝缘油系统。

（1）透平油系统。

一台泵组的总用油量为 0.5 m³，设 1.0 m³ 运行油桶一个，1.0 m³ 净油桶一个，净油设备选用 LY－50 压力滤油机一台，可在 10 min 内将一台泵组的用油过滤一遍。输油设备选择 2CY－3.3/3.3－1 型齿轮油泵一台，可在 10 min 内将一台泵组的用油量输入泵组。

（2）绝缘油系统。

一台变压器充油量为 2.48 m³。储油量按充油量的 110% 考虑，设 3.0 m³ 运行油桶一个，3.0 m³ 净油桶一个，净油设备与透平油系统合用一台 LY－50 压力滤油机，可在 55 min 内将一台变压器的用油过滤一遍。输油设备选择 2CY－3.3/3.3－1 型齿轮油泵一台，可在 50 min 内将一台变压器的用油量输入变压器。

5）水力监测系统

水力监测系统设有以下项目：

（1）进、出水池水位及水泵扬程；

（2）拦污栅压差；

（3）水泵流量；

（4）水泵进出口压力。

水力量测设备见表 2.2-5。

表 2.2-5　水力量测设备

序号	测量项目	选用仪表	说明
1	进水池水位	SSC－1Y 压力传感器	全站共用 2 套测头
2	出水池水位	SSC－1Y 压力传感器	全站共用 1 套测头
3	净水头	差压计	全站共用 2 套
4	水泵测流	差压流量计	每台泵组 1 套
5	水泵进口压力	YZ－100 压力真空表	每台泵组 1 个
6	水泵出口压力	Y－100 压力表	每台泵组 2 个

6）厂内起重设备

本泵站机电设备吊运最重件为电动机转子联轴，重 7.2 t。吊运最长件为水泵主轴，长 5.5 m，起吊最大高度为 16 m，选用一台 10 t/3 t 电动双梁桥式起重机。

起重机参数如下：

型式:电动双梁桥式起重机；

跨度:10.5 m；

起重量:主钩 10 t,副钩 3 t；

起升高度:主钩 16 m,副钩 20 m；

起升速度:主钩 2.21 m/min,副钩 9.4 m/min；

行走速度:大车 38.7 m/min,小车 19 m/min；

工作制:轻级工作制。

2.2.5 潜水轴流泵站主泵及辅机系统设计

以下介绍南水北调东平湖排渗蓄水处理工程堂子排涝站潜水轴流泵站主泵选型及系统设计。

2.2.5.1 泵站基本情况

1)排涝泵站运行设计流量

堂子排涝站运行设计流量分为两部分,其中排涝设计流量为 3.6 m³/s,排渗设计流量为 1.2 m³/s,总设计流量为 4.8 m³/s。

2)泵站运行方式

汛期排涝、排渗至东平湖。

非汛期以排渗至东平湖为主。

3)排涝泵站运行时进、出水池的水位及几何扬程

进水池水位:

最高水位:38.8 m。

设计水位:37.8 m。

最低水位:36.8 m。

出水池水位:

最高水位:41.80 m。

泵站最高运行水位:41.80 m。

设计水位:41.80 m。

最低水位:39.30 m。

堂子排灌站的水位及净扬程见表 2.2-6。

表 2.2-6 堂子排灌站进、出水池水位及净扬程

水位(m)	最低水位	设计水位	最高水位
进水池	36.8	37.8	38.8
出水池	39.3	41.8	41.8
净扬程	$H_{jmax} = 5$ m, $H_{jr} = 4$ m, $H_{jmin} = 0.5$ m		

2.2.5.2 水泵选择

1)泵站扬程

泵站扬程按下式计算:

$$H_r = H_{jr} + h_f + \frac{v^2}{2g}$$

式中　H_r——泵站的设计扬程;

　　　H_{jr}——泵站净扬程;

　　　h_f——进出水系统的水头损失;

　　　$\frac{v^2}{2g}$——水泵出口动能损失。

根据堂子排涝站进、出水池的水位,考虑在设计流量时,进出水流道水力损失为 0.6 m,井筒及三通损失为 0.153 m,出口动能损失为 0.29 m,节能型自由侧翻拍门按 0.10 m 计算。

则泵组设计扬程为:

$$H_r = 4 + 0.6 + 0.153 + 0.29 + 0.10 = 5.14 (m)$$

取水泵设计扬程为 5.2 m,泵站最高扬程为 6.14 m。

2)水泵型式

根据泵站的运行范围,水泵运行的扬程范围为 1.64 ~ 6.14 m,适用于本泵站的泵型为立式轴流泵和潜水轴流泵。两种泵型比较如下:

(1)从水泵运行性能参数来看,两种泵型均可满足本泵站的运行要求。

(2)从水泵运行来看,潜水轴流泵潜入水中,不需清水润滑和冷却,且运行维护简单,机泵运行平衡性好、稳定、振动小、噪声低。

(3)从机组价格来看,立式轴流泵的机电投资较少,但潜水轴流泵配置简单。

(4)从土建投资来看,潜水轴流泵的开挖深度稍大,但厂房结构简单,立式轴流泵需设置相对复杂的主厂房,所以混凝土浇筑土方量远大于潜水轴流泵,潜水轴流泵站的整体投资要小于立式轴流泵。

(5)从水泵运行管理来看,潜水轴流泵因泵组都设置于地面以下,对于远离市区且比较分散的泵站群来说,更易于管理。

(6)从泵组的安装程序和费用来看,因潜水轴流泵与电机构成一体,无须在现场进行装配,安装简便,费用低。

在东平湖湖区,近 20 年间当地政府建设了很多排涝、排渗泵站,早期以常规立式轴流泵为主,后期陆续选用潜水轴流泵,一些老式的常规轴流泵也被更换为潜水轴流泵,当地水利部门运行人员对潜水轴流泵有着丰富的运行管理经验。

综合以上几方面的因素,本泵站推荐选用潜水轴流泵。

2.2.5.3　水泵台数

泵站设计规范规定:泵站装机台数以 3 ~ 9 台为宜。本泵站设计流量为 4.8 m³/s。根据泵站运行特性要求,泵站应能满足多种排涝流量要求,以及泵站在非汛期不排涝以排渗为主的情况(排渗设计流量为 1.2 m³/s),为适应泵站运行灵活性及满足排渗设计流量与泵站设计流量的匹配,根据泵站规模和国内主要泵厂的产品性能,推荐选用 4 台单机流量为 1.25 m³/s 的潜水轴流泵,主要技术参数见表 2.2-7。

表 2.2-7　水泵性能参数

项目	单位	参数
水泵型号		700QZ－100
设计转角		+0°
设计扬程	m	5.2
设计流量	m³/s	1.25
设计点效率	%	82.0
最大运行扬程	m	6.14
电机功率	kW	110
电机转速	r/min	740
总装机台数		4
水泵吸口安装高程	m	34.8
厂房流道最低高程	m	34.2
泵组间距	m	2.7
厂房长度	m	15.9
泵组起吊重量	t	2.3
采用起吊设备容量		3 t 电动葫芦
厂房最低高度	m	5
最小淹没深度	m	1.00

2.2.5.4　电动机功率

在设计工况下的配套电动机的功率为：

$$N_{配} = (1.1 \times 1\,000 \times 9.8 \times 1.25 \times 5.2)/(1\,000 \times 0.82) = 85.45(kW)$$

在校核工况下的配套电动机的功率为：

$$N_{配} = (1.1 \times 1\,000 \times 9.8 \times 1.10 \times 6.14)/(1\,000 \times 0.77) = 94.6(kW)$$

故选用单机功率为 110 kW 的电动机可以满足本泵站各种工况正常工作要求。

2.2.5.5　水泵结构及布置

1）水泵安装高程和厂房尺寸

进水前池最低水位为 36.8 m，最高水位为 38.8 m，设计水位为 37.8 m，水泵吸口要求的最小淹没深度为 1.48 m，出口管直径 800 mm，为减少土建工程量并保证泵房在最高进水池水位时不渗水，保证机电设备具有良好的运行环境，同时满足水泵最小淹没深度要求，确定进水流道高程 34.2 m，并筒基础高程为 39.0 m，确定出水管高程为 40.0 m。

2）水泵结构

潜水水泵的潜水电机置于泵的上方，采用 F 级绝缘，具有可靠的机械密封及辅助密封，并具有泄漏及内部绕组温升保护装置。

3）进水流道

泵站进水流道端面尺寸为：$H \times B = 3.3 \text{ m} \times 2.4 \text{ m}$，进口流速 $v_{进} = 0.152 \text{ m/s}$（$Q = 1.25 \text{ m}^3/\text{s}$）。

4）断流方式

断流方式：泵站的断流方式，主要有快速闸门断流、出口拍门断流及虹吸真空阀断流。

虹吸式流道轴线长，断面复杂，施工较困难，土建工程量大，投资高，泵站流量较小，不宜采用。

快速闸门断流，要求闸门的控制进入泵的开停机程序多一套控制设备，需要可靠的控制设备和控制程序，设备投资大。

节能型自由侧翻拍门断流的特点是：水力损失小，设备控制简单，不需要电气控制设备，投资少，施工简单，根据本工程特点推荐采用节能型自由侧翻拍门作为潜水轴流泵的断流装置。

5）出水流道

根据水泵的泵型资料，出水流道采用直管出流方式。直管式出水流道结构简单，施工方便，与虹吸式出水流道相比，可降低厂房高度，混凝土耗量少，启动扬程低，运行较稳定。出水流道主要由以下部分组成：

（1）出水直管，出水直管为（DN800 mm）的钢管。

（2）节能型自由侧翻拍门，节能型自由侧翻拍门（外径 800 mm）安装在出水管出口，与出水管路连接。

2.2.5.6 辅助设备

1）排水系统

水泵检修时，用电动葫芦吊出后在安装间检修，不需要排除流道积水，为了检修流道方便，可关闭上游检修门，用移动式潜水排污泵排除流道积水。

选择移动潜水排污泵 3 台，水泵参数：$Q = 188\ m^3/h$，$H = 11\ m$，$N = 11\ kW$，2 台工作，1 台备用。

2）水力量测系统

水力量测系统设有以下项目：

（1）进、出水池水位及水泵扬程；

（2）泵站流量；

（3）水泵出口压力。

堂子排涝站水力量测仪表见表 2.2-8。

表 2.2-8　水力量测主要仪表

序号	测量项目	选用仪表	单位	数量
1	进水池水位	投入式液位变送器	套	拦污栅前1，栅后4
2	出水池水位	投入式液位变送器	套	1
3	泵站流量	超声波流量计	套	1
4	水泵出口压力	压力变送器	套	4

3）厂内起重设备

本泵站机电设备吊运最重件为泵组，重 2.5 t。吊运最长件为泵组，长 2.6 m，起升最大高度为 8 m，选用一台 3 t 电动葫芦。

第3章　水电站水轮机抗磨蚀

3.1　水电站水轮机磨蚀

在多泥沙河流上设计水电站,或在多泥沙河流上设计引水式水电站,必须考虑水轮机的磨损。因此,必须对过机泥沙的状况进行预测与分析。在水电站投入运行后,为了掌握和分析水轮机的磨损,也需要对过机泥沙的情况加以测定。但目前在过机泥沙较多的水电站设计中,很多未对过机泥沙给予定量的资料,因此在绝大多数水电站的设计报告中找不到有关过机泥沙的资料及其分析。有的设计中虽然提供了一些过机泥沙的数据,但对泥沙参数的表述,有时只套用河道水库泥沙的习惯,并不完全适用于对过机泥沙的表述与研究。

很多电站建设中,由于缺少长期的泥沙实测资料,专业设计人员只能根据经验采用类比分析国内外一些相似河流得到流域侵蚀模数计算得出悬移质输沙量及多年平均含沙量、多年平均推移质输沙量及总输沙量,再通过类比国内外一些相似河流流量—含沙量关系表达式的基本样式,依据本电站的水量和沙量关系,推求本电站流量—含沙量关系;$S = KLn(Q) - K_1$,通过这样的推测,解决了水电站设计基础资料不全导致工程设计无法正常进行的难题,但由于地理位置、水温、水文气象资料的差异,尤其是近几年由于很多地方过度开发导致植被的破坏,所以在汛期雨季山洪暴发时,大量泥沙进入河道,在拦沙措施不利、没有考虑沉沙措施及排沙不利的情况下进入机组,导致机组严重磨损。

近几年中小型引水径流式水电站发展迅速,尤其是引水径流式水电站在不设置调节水库或采用日调节的情况下,如果电站泥沙测量资料不全,导致设计中缺少沉沙处理或排沙措施,或机组设计选型不利,或运行管理不善都会引起水轮机的严重磨蚀破坏,下面列举已建的水电站建成后的运行情况及其水轮机磨蚀问题。

3.1.1　新疆红山嘴电厂梯级水电站

3.1.1.1　磨损情况

新疆天富热电股份有限公司红山嘴电厂位于新疆北部准噶尔盆地南缘,玛纳斯河中游,始建于1961年,是新疆开发建设最早的水电厂之一。现有梯级电站5座。其中,已建梯级电站4座,13台水轮发电机组,装机容量6.705万kW,年设计发电量2.15亿kWh。2005年完成四、五级电站扩建2×4 000 kW;在建梯级电站一座,4台水轮发电机组,装机容量5万kW,年设计发电量1.89亿kWh。红山嘴电厂上游无调节水库,通过拦河闸渠首枢纽引玛纳斯河河水发电,除汛期7、8、9三个月满发外,其他月份发电生产均受河流来水量的影响径流发电。渠首年引水径流量为 7.5 亿～8.0 亿 m^3，通过 22.6 km 渠系输水，4 座梯级电站逐级发电。各梯级电站实行五班四运转，班组实行水、机、电一体化运行管理。红山嘴电厂地处高寒地区，处在山溪性多沙河流上，发电生产深受自然环境的制约。长期以来，电厂正常的发电生产受到冰、沙、草和洪水等自然灾害的威胁，机组一直不能稳定运行，出力达不到设计能力。同时水轮机过流部件磨蚀严重，机组大、小修周期短，运行成本增大，经济效益低下。20 世纪 80 年代二、三级电站投产之初，年发电量仅维持在 1.5 亿 kWh，为设计年发电量 2.15 亿 kWh 的 69.8%。为改善企业的运行条件，使电厂发电生产能力达到设计水平，电厂的工程技术人员经过长期艰苦的探索，于 90 年代应用抽水融冰技术、漏斗排沙技术，并对渠首枢纽工程进行完善、改造，成功地解决了冰、沙、草和洪水灾害对水电厂的危害，有效缓解了水轮机磨蚀，延长了机组大修周期。90 年代末电厂发电生产能力达到 2.3 亿 kWh 左右，超过设计生产能力。

玛纳斯河是一条多沙河流，夏季丰水期河水含沙量最大，历年平均含沙量 2.09 kg/m^3。泥沙主要来源于降雨降雪对流域面积的侵蚀和水流对河道的冲刷，玛纳斯河的泥沙有以下特征：泥沙含量大，随季节变化也大，据肯斯瓦特悬移质检验，实测最大年输沙量为 1 747.5 万 t，多年平均输沙量为 295.4 万 t。泥沙的年内分配集中，6～8 月输沙量占到全年的 94.1%。推移质泥沙由于缺少实测数据，根据经验公式计算，多年平均输沙量为 59.1 万 t。由于水土流失严重，石英成分有逐年增长的趋势，而且尖锐硬矿物占到 44.9%以上。

红山嘴电厂的泥沙危害主要表现为夏季引水渠泥沙严重淤积及对水轮机过流部件严重磨损。其中二级引水渠和四级引水渠淤积最为严重，4.5 m、4.0 m 深度的渠道有些渠段淤沙厚度达 1.5～2.0 m。由于渠道淤沙，引水渠过水断面缩小，渠系达不到设计引水能力。二级引水渠设计流量为 56 m^3/s，为了满足发电用水需要，渠道常超过警戒水位，冒险引水，而流量只能达到 51 m^3/s，勉强满足电站发电用水需要。渠系运行的危险性大，发电用水的保证率不高。同时还有大量的泥沙要经过各电站的机组，使水轮机过流部件磨损严重，造成机组发电效率降低，故障增多，大修周期缩短。三级电站机组一年一大修，其他电站机组两年一大修，全厂每年大修机组 8、9 台，大修成本很高。

3.1.1.2 推广应用"漏斗式全沙排沙技术"治理泥沙危害

"漏斗式全沙排沙技术"是新疆农业大学的科研成果，具有截沙率高、排沙耗水率低的优点。漏斗排沙工程利用进入漏斗的高含沙水流在几何边界和重力的共同作用下所形成的三维立轴螺旋流，使水沙分离，泥沙从漏斗的排沙底孔经排沙廊道排走，清水自漏斗溢流边墙溢入原渠道，从而达到"引清排沙"的目的。红山嘴电厂 1997 年秋与新疆农业大学合作，开始建设漏斗排沙工程，1998 年 5 月工程投运，效果良好。推移质泥沙和粒径大于 0.5 mm 悬移质泥沙可 100%排除，总截沙率为 56.9%，平均排沙耗水流量为 1.626 m^3/s，耗水率为 2.71%。排沙漏斗首先解决了厂夏季引水渠泥沙淤积问题，使渠道安全引水流量超过原设计流量（56 m^3/s），达到 62 m^3/s。其次各电站过机泥沙减少，发电水量充足，前池充分排沙，机组磨损减轻，运行故障减少，水量利用率提高，发电量明显增加。

仅 1998 年夏季,二、三级电站就比上年同期多发电 1 043 万 kWh。漏斗排沙工程的运用使红山嘴电厂每年增发电量 1 000 万 kWh 以上,也为 4 个梯级电站的水轮机增容和应用水轮机抗磨技术解决磨损问题和延长大修期创造了条件。

3.1.1.3 对电厂老机组转轮进行改造、增容和机组抗磨蚀处理,提高机组整体出力水平

水轮机是水电厂的心脏,转轮是水轮机的核心,转轮的性能指标对水轮机的出力起着至关重要的作用。该厂使用水轮机转轮均为 20 世纪 50～60 年代老型号转轮,转轮的单位流量、单位转速及模型效率性能指标低。长期以来机组水能耗高,年发电量损失较大。而三级电站作为该厂最大的电站,机组单机容量大,在冬季玛纳斯河小流量时,水轮机运行严重偏离设计工况,机组长期在低效率区运行,水能利用率更低。

为解决上述问题,该厂 70 年代末就曾对四级电站机组进行过增容改造和抗磨蚀处理,90 年代末开始对各电站机组进行转轮、定子、转子线圈的增容改造和水轮机座环、蜗壳、叶片、导叶的抗磨蚀处理。

目前,水轮机抗磨蚀处理已取得一定成效,等离子喷涂、低温镀铁、热喷涂等各种新型的软、硬抗磨材料都使用过,但水轮机过流部件的磨损和气蚀还没有得到根本解决,抗磨蚀问题仍将是该厂认真研究的课题。

通过研究,转轮的增容应根据引水渠流量和水能条件合理地进行。2005 年 11 月四级电站扩建机组引进的 4 000 kW 新型转轮,在同样水量条件下,比该厂现有机组效率提高 17% 以上。这样企业开始利用机组大、小修的时机,逐年对机组更换新式高效率转轮。考虑到各电站机组装机容量和渠系引水量不匹配的因素,先将二级电站两台 3 200 kW 转轮增容为 4 000 kW 转轮,将三级电站三台 9 000 kW 转轮增容为 1.1 万 kW 转轮,同时制作一台 6 000 kW 小型转轮,供三级电站冬季使用,使二、三级电站水能资源充分得到利用。然后将其他各电站机组老转轮改造为相同容量的新型转轮。2006 年 1 月 28 日,三级电站 9 000 kW 转轮更换成 6 000 kW 小转轮运行,机组出力显著增加,相同流量,每日增发电量 3 万 kWh 以上,机组效率提高 36.7%。冬季机组运行 3～4 个月,可增发电量300 万～400 万 kWh,效果相当显著。转轮增容和改造的完成将使该厂 15 台机组整体出力提高 15% 以上,发电生产能力由设计出力 6.505 万 kW 提高到 7.5 万 kW 以上。枯水年年发电量可达到 2.6 亿 kWh,丰水年年发电量达到 2.7 亿 kWh 以上。

3.1.2 新疆塔尕克一级水电站

塔尕克一级水电站位于新疆维吾尔自治区阿克苏地区温宿县境内,是阿克苏河支流库玛拉克河东岸总干渠上的引水径流式水电站,位于协合拉引水渠首以下 14 km 处,为半地面式厂房,电站距温宿县城 49 km,距阿克苏市 60 km。

塔尕克一级水电站装机容量 49.0 MW,最大引用流量 75 m^3/s,保证出力 13.8 MW,多年平均发电量 2.739 亿 kWh,年利用小时数 5 590 h,电站加权平均净水头 74.1 m,发电最大净水头 76.6 m,发电最小净水头 73.6 m。

塔尕克水电站两台机组分别于 2008 年 3 月 31 日和 4 月 8 日投入商业运行,机组位于基荷运行。

水轮机型式为立式混流机组,水轮机额定水头为 74.0 m,选用南平南电水电设备制

造有限公司提供的水轮发电机组,水轮机参数如下:

型号:HLA801 – LJ – 215,配用发电机容量为24 500 kW;

旋转方向:从发电机端向下看为顺时针旋转,叶片数为 $Z = 13$;

水头:$H_{max} = 76.6$ m,$H_{min} = 73.6$ m,$H_d = 74$ m;

额定流量:37.22 m³/s,额定出力:25 260 kW,额定转速:300 r/min;

最大飞逸转速:496.6 r/min,吸出高度:$H_s = -1.0$ m;

额定效率不低于93.5%,最高效率保证值不低于95.7%。

塔尕克水电站两台机组分别于2008年3月31日和4月8日投入商业运行,现将发电以来机组运行情况和存在问题汇报如下。

3.1.2.1　两台机组发电以来运行情况

两台机组投入商业运行以来,1#机组累计发电4 632万 kWh,累计运行2 784 h;2#机组累计发电4 710万 kWh,累计运行2 957 h。机组详细运行情况见表3.1-1。

表 3.1-1

时间	技术指标	1#机组	2#机组
4月	运行小时(h)	522	553
	低负荷运行小时(h)	4	5
	高负荷运行小时(h)	4	36
	发电量(万 kWh)	298.14	351.8
	开停机次数	12	8
5月	运行小时(h)	708	724
	低负荷运行小时(h)	8	0
	高负荷运行小时(h)	9	40
	发电量(万 kWh)	944.16	1 267.35
	开停机次数	6	6
6月	运行小时(h)	586	587
	低负荷运行小时(h)	21	26
	高负荷运行小时(h)	2	0
	发电量(万 kWh)	1 020.6	946.68
	开停机次数	6	4
7月	运行小时(h)	606	724
	低负荷运行小时(h)	20	8
	高负荷运行小时(h)	70	134
	发电量(万 kWh)	1 101.03	1 105.23
	开停机次数	8	7

时间	技术指标	1#机组	2#机组
8月	运行小时(h)	362	369
	低负荷运行小时(h)	0	0
	高负荷运行小时(h)	47	15
	发电量(万 kWh)	1 042.23	1 264.83
	开停机次数	4	3
	累计完成电量(万 kWh)	4 632	4 710
	累计运行时间(h)	2 784	2 957
	机组开停机次数	36	28
	机组累计低负荷运行时间(h)	53	39

注:以上统计数据 1#机组截至 2008 年 8 月 17 日,2#机组截至 8 月 16 日。

3.1.2.2 发电用水含沙量情况和采取的技术措施

1)库玛拉克河的泥沙特性

多年平均含沙量:3.178 kg/m³;

实测最大含沙量:49.3 kg/m³。

过机泥沙级配见表 3.1-2。

表 3.1-2 过机泥沙级配

粒径(mm)	0.007	0.01	0.025	0.05	0.1	0.25	0.5
小于某粒径百分数(%)	29.41	36.85	56.13	66.78	88.68	97.42	100

泥沙为细粒砂岩,主要成分:石英占 45%,方解石占 40%,铁质占 3%~5%,绿泥石占 2%,黑云母、角闪石偶见。

2)根据发电用水泥沙情况,采取以下技术措施

2008 年 5 月库玛拉克河来水量加大,水质变差,发电机组运行方式由清水期运行方式转为浑水期运行方式,对此,电厂针对性地加强对水机设备的检查巡视工作。根据水中含沙量规定每 36 h 启动排沙闸进行排沙一次。

2008 年 6 月 6~10 日,在拦污栅完全淤堵停机停水期间,发现前池积沙较多(见图 3.1-1),人工排沙(见图 3.1-2)后将排沙时间由 36 h 改为 20 h 排一次。

2008 年 7 月 22 日阿克苏市周边地区普降暴雨,大量泥石流进入库玛拉克河,河水挟带泥沙杂草,发电用水泥沙量剧增,19 时 1#机组在运行过程中主轴密封突然大量喷水,机组被迫停机;为保证机组设备的安全,20 时 2#机组正常停机,23 日发电用水水质状况好转后 2#机组并网发电,当日取水化验发电用水含沙量为 20 kg/m³。

2008 年 8 月 17 日电厂两台机组全停后,引水渠来水 40 m³/s 左右,电厂通过两孔排沙闸每天 24 h 向下游排沙放水,8 月 31 日因检修需要引水渠完全停水,发现前池仍然积

沙,事故检修门前流道内积沙达 1.5 m,见图 3.1-3 和图 3.1-4。

6月6日前
池积沙

图 3.1-1

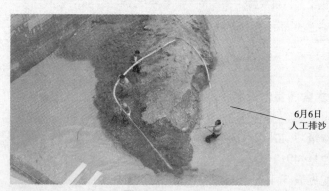

6月6日
人工排沙

图 3.1-2

9月1日2#事故检修门
前流道内积沙达1.5 m

图 3.1-3

9月1日前
池积沙

图 3.1-4

3.1.2.3 运行过程中出现的问题

1)机组振动、摆度问题

(1)2008年4月3日,2#机组在运行中下导油盆盖与大轴摩擦,产生火花,造成油盆盖磨损并产生振动(见图3.1-5),紧固螺栓被拔出,机组紧急停机,对此,安装单位采用对紧固螺栓加装平垫片的方法进行处理。4月12日,福建南平主机制造厂专业技术人员对2#机组进行动平衡试验,试验结果是在转子轮辐处加48 kg配重。

2#机组下导油盆盒和大轴摩擦,产生振动,使紧固螺栓被拔起

图3.1-5

(2)2008年8月17日,1#机组运行过程中发现轴电流过大、水导摆度过大信号,主轴产生火花,停机检查发现水导瓦座固定螺栓全部脱落,瓦总间隙变化达到1.1 mm(设计值0.44 mm,安装单位设定为0.60 mm)。电话联系安装单位,根据安装单位的指导,恢复到安装值0.60 mm后开机1 h再次出现上述现象,机组停机。8月22日,安装单位到达现场后测得最大总间隙为0.80 mm,调整间隙到0.60 mm后,23时开机运行,水导瓦温较停机前升高5℃左右,8月25日1#机组因主轴密封漏水、水导油盆进水而被迫停机。

2)水轮机磨蚀问题

制造厂提供的设备报告中转轮的上冠、叶片和下环的材质均为ZG0Cr13Ni4Mo组焊而成,其中转轮直径为2 150 mm,叶片13个。

2008年6月7日,电厂组织人员对1#、2#机组压力钢管、事故检修门、蜗壳、导水叶、转轮进行了全面检查,除1#、2#机组压力钢管个别部位有轻微的锈迹,事故检修门水封右边间隙比左边大10~20 mm外,转轮上冠和顶盖、转轮下环和底环、导水叶未发现磨蚀和气蚀现象。

2008年8月21~22日在对1#、2#机组进行蜗壳内水下部分检查时发现水轮机转轮出现严重磨蚀,转轮上冠和顶盖、转轮下环和底环的间隙达到了21 mm(设计值为1.1~1.4 mm),固定导水叶中部出现深约5 mm的磨痕。

水轮机磨蚀情况见图3.1-6~图3.1-8。

3)主轴密封问题

(1)7月22日,1#机组运行中主轴密封圈漏水,水导油盆进水,被迫停机,经检查,主轴橡胶水封和抗磨板磨损严重,已不能使用,更换备件后机组并网运行;8月25日运行中1#机组再次出现主轴密封圈漏水、水导油盆进水被迫停机的情况。图3.1-9为磨蚀的主轴密封圈与新密封圈的对比。

2#机组磨蚀造成转轮和转轮室壁磨损

图 3.1-6

磨蚀造成2#机组固定导叶磨损约5 mm

图 3.1-7

2#机组磨蚀造成转轮和转轮室壁间隙达21 mm

图 3.1-8

1#机组主轴密封圈和新密封圈相比磨损20 mm

图 3.1-9

(2)8 月 16 日,2#机组运行中主轴密封圈严重漏水,被迫停机,经检查主轴密封端盖已磨穿、橡胶水封磨坏、抗磨板磨损严重、检修密封已无法封水,具体情况见图 3.1-10 ~ 图 3.1-12。

水中泥沙造成2#机组主轴密封端盖磨损破环

图 3.1-10

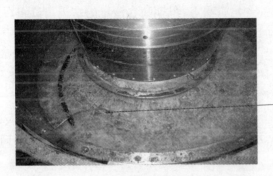

2#机组主轴密封圈磨损,造成水导油盆进水

图 3.1-11

2#机组主轴密封圈磨损5 mm

图 3.1-12

3.1.2.4 磨损原因分析及解决办法

按国内不同比转速计算公式计算出塔尕克一级水电站水轮机比转速 n_s 在 213.3 ~ 249.4 m·kW,相应的比速系数 $K = 1~835 \sim 2~145$。

在电站机组选型比较中考虑了对泥沙含量的不确定因素,为尽量减少泥沙磨损带来的危害,尽量选用低比转速的机组。

机组选型推荐的比转速为:额定点比转速 220 m·kW,所选定转轮的圆周速度为

33.8 m/s,转轮出口相对速度为 10.3 m/s,绝对流速为 35.3 m/s,国内有关研究机构的研究表明:当含沙量大于 12 kg/m³ 时,水轮机转轮圆周速度宜小于 34 m/s,转轮相对流速宜小于 12 m/s,叶片出口绝对流速宜小于 36 m/s。

由此可见,本电站机组转轮参数在抗磨蚀允许的范围内。

机组选型推荐的额定点比转速为 220 m·kW,已经接近本水头段的比转速低限,换句话说,再降低比转速就很难选到性能较好的机组,而且带来的问题是空蚀和机组振动。

在机组过流部件选材方面,水轮机转轮、抗磨板等主要过流部件采用抗空蚀、抗磨损性能好和焊接性能好的 0Cr13Ni4Mo 不锈钢制作,活动导叶端面及密封面铺焊 0Cr13Ni4Mo 不锈钢。

应该说从机组的选型和选材方面都充分考虑了泥沙磨损的问题,引起磨损的主要原因究竟是什么呢?

进一步研究后确定:发电用水含沙量高、推移质进入机组是磨损的重要原因。

从电站现场运行实测的泥沙含量资料看,汛期高含沙量的水进入机组,每立方米水中高达几十千克甚至上百千克,而这样的含沙量机组是不允许运行的。且从尾水渠沉积的泥沙看,大量推移质进入了机组,泥沙颗粒直径高达十几厘米,而机组磨损的部位多为泥沙颗粒冲击引起的坑洼。究竟是什么原因使得如此高的含沙量和推移质进入机组呢?

塔尕克一级水电站为引水径流式水电站,引水渠道长 6 km,取水口位于库玛拉克河河边,取水口设有分水闸,汛期大量的泥沙涌入库玛拉克河时,分水闸没有及时关闭,库玛拉克河道闸门也没有充分开启,从而起到拉沙作用。这样一来,大量的泥沙进入渠道,从而进入了机组。

工程沉沙除沙措施尚未建成,由于库玛拉克河水质在汛期时如此之差,水利水电相关规范要求推移质和较大颗粒的悬移质(本电站悬移质粒径 $d < 0.35$ mm)是不能进入机组发电的,由此可见,必须完善本电站的沉沙除沙措施,才能达到汛期机组发电运行的要求。

3.1.2.5 抗磨及防护措施

1)汛期加强协调

由于库玛拉克河分水闸由库玛拉克河管处管理,而电站建设和管理单位为新疆新华水电投资公司,故在汛期来临时两方应加强协调,使库玛拉克河闸门和分水闸充分起到拉沙和控沙作用。

2)建设沉沙和排沙设施

由新疆水利水电勘测设计院设计的沉沙和排沙设施已完成,该设施投入使用后最大限度地减少泥沙进入机组,从而起到了保护机组和保证电站安全运行的作用。

3)购买备用转轮

为防止汛期转轮磨损破坏耽误机组运行,影响发电,购买备用转轮一个,备用转轮在局部易冲撞磨损部位采用进一步的抗磨防护措施,如喷焊碳化钨涂层等。

4)转轮损坏后不锈钢补焊修复

转轮破坏后拆卸检修,对破坏部位用相应的不锈钢焊条进行补焊,补焊后打磨,修复后的转轮在下次机组检修时更换使用。

3.2　水电站水轮机抗磨蚀涂层

鉴于多泥沙电站的运行水质条件及对机组的磨损破坏防护要求,建议采用先进的抗磨蚀喷涂技术对过流部件需要防护的表面和部位进行防护,具体防护的表面和部位见图3.2-1~图3.2-4。

图 3.2-1　转轮涂层示意图　图 3.2-2　顶盖抗磨板涂层示意图　图 3.2-3　底环抗磨板涂层示意图

图 3.2-4　导叶涂层示意图

使用最新的高速火焰(HVOF)喷涂技术系统,可进行金属喷涂、碳化钨喷涂和特殊喷涂。该项技术是把喷涂材料以粉末状态注入高速喷射燃烧的火焰中,其喷射速度超过 2 100 m/s 以上,燃烧温度适中(≤3 000 ℃)。

高速燃气一方面使粉末材料的颗粒达到半熔化状态,另一方面又使粉末材料的颗粒加速运动,将熔化后的粉末材料紧密均匀地附着在被喷涂物体的表面上,与基材物理结合在一起,而基材温度低于 120 ℃,使基材不发生任何变形,从而形成少孔隙、低氧化、高黏合力、低残余应力的高质量涂层。

3.2.1　设备的现场施工特点

由于采用先进的可分离控制型设备并使用液体燃料,因而可以运送全部喷涂系统到现场进行作业。如发生局部涂层破坏或未达到质量保证要求,还可采用先进的工艺技术到现场或机坑内实施局部喷涂修补。

3.2.2　待喷涂材料表面的要求

为了保证喷涂的质量,其待喷涂材料的表面粗糙度应小于 4.0 μm,表面无大于 0.5 mm 孔径的孔洞,无加渣气孔现象等焊接、铸造缺陷,无腐蚀和侵蚀现象。

3.2.3 涂层的抗气蚀性能

在机组实际运行过程中,防护涂层的破坏方式有二:一是撞击,即在叶片或导叶的进口部位由于大颗粒石头等硬物以大冲角直接撞击,使得涂层局部破碎或多次撞击后涂层发生疲劳而产生局部损坏,这种损坏又影响到邻近区域;二是遭受到强气蚀,尽管涂层比0Cr13Ni5Mo不锈钢的抗气蚀能力高,但仍处在同一数量级上。由于目前世界上还没有研制出既抗气蚀又抗磨损的涂层材料,因此在强气蚀情况下,不能保证所喷涂层不发生损坏。在这方面,参照国外经验,多是在叶型设计时采用无气蚀或少气蚀设计来控制气蚀破坏。

3.2.4 防护材料说明

采用适用于水轮机过流表面抗泥沙磨损的专用材料,其主要成分为碳化钨材料(市场上通用的碳化钨粉如钴－碳化钨类,其主要特点是干式抗磨,对于湿环境,尤其是水下恶劣环境不能适应,由于其抗气蚀能力极低,因此不适用于水电站的喷涂)。所用材料的结合强度大于70 MPa,表面硬度大于1 100 HV0.3,表面抗磨能力比0Cr13Ni5Mo高70倍以上,其抗气蚀能力与0Cr13Ni5Mo相当。采用先进的喷涂工艺,喷涂过程中能够严格控制基材温升,保证基材不发生热变形,从而确保原设计的精度。

产品名称:HP143a。

用途:当水流含沙量为0.1~200 kg/m^3时,对过流金属表面提供抗磨蚀防护。

喷涂部件:冲击式喷涂转轮斗叶、喷针、喷嘴;

混流式和水泵喷涂转轮、导叶、迷宫环、抗磨板;

轴流式喷涂转轮叶片、轮毂、泄水锥、导叶。

使用方法:利用高速火焰喷涂技术(HVOF)将专用粉末材料沉积到待喷涂金属表面上。

涂层厚度:0.2~0.5 mm(典型值0.3 mm)。

平均表面糙度:≤6.3 μm。

材料类型:金属碳化钨(美国进口材料)。

喷涂设备:DJ2700水冷系统(美国进口)+9MP－DJ闭环质量送粉器(美国进口)+6轴喷涂机器人(日本进口)。

密度:13 500 kg/m^3。

化学成分:最佳成分组合提供最优的抗磨蚀能力。

保护特性:显微硬度1 100~1 300 HV0.3。

黏结强度:大于70 MPa。

抗磨能力:是0Cr13Ni4Mo不锈钢的70~80倍。

抗气蚀能力:与0Cr13Ni4Mo不锈钢相当。

抗腐蚀能力:略低于0Cr13Ni4Mo不锈钢,不建议用于工业废水处理及海水中。

涂层特性:该涂层专用于含泥沙水流中,尤其是当含沙量大于0.01 kg/m^3时的过流表面金属防护,具体的使用寿命与水流流速、冲击角、泥沙含量、泥沙类型有关。HP143a

的最佳防护区域的冲击角小于30°,即水轮机过流部件的喷涂表面80%以上的区域可得到长期保护。

限制条件:尽管 HP143a 涂层的抗气蚀能力与 0Cr13Ni5Mo 不锈钢相当,但仍然不能解决气蚀破坏问题,所以过流表面应采用无气蚀或少气蚀设计,以减少涂层损坏。大颗粒硬质物体在大冲角条件下撞击到涂层表面,可能造成涂层的局部损坏,而该损坏区域可能干扰水流,从而进一步引起气蚀破坏。

由于基材有缺陷,而且无损探伤未能探出,从而可能造成涂层有小的缺陷。

3.2.5 喷涂工艺

1)待喷部件条件

待喷部件是指已加工完毕并已按图纸要求最终验收后的部件,且喷涂部位无再加工及焊接操作。

表面条件:表面糙度最大为 6.3 μm,无裂纹,无腐蚀,无气孔、沙眼,无焊接加渣,表面硬伤孔洞直径不大于 0.5 mm。

气蚀条件:叶型与过流部件设计应按无气蚀或少气蚀设计,要求在真机运行中不发生强烈气蚀。

2)工艺

(1)除湿干燥及除尘。

除锈蚀及表面抛光:利用进口砂片进行表面抛光打磨,以提高表面光洁度及抛去表面氧化层和加工疲劳层。

进行无损探伤,对发现的表面缺陷利用氩弧焊技术进行修补,再利用进口砂片进行表面抛光打磨,直至合格。

搭架固定及保护:为方便喷涂作业并对其他区域进行保护,具体方案结合具体条件而定。

(2)粉末预处理。

(3)表面除脂除污。

表面活化处理:使用棕刚玉材料按照欧洲表面处理工艺及要求进行。

(4)机器人编程与检验。

控制喷涂:控制基材温度不超过 120 ℃,每遍涂层厚度不大于 12 μm,涂层无台阶、脱落及不均匀现象等。

渗透保护:采用专用材料进行涂层表面保护。

测量:按照国际标准,采用英国 Elcometer456 及 223 型仪器对涂层厚度及喷前表面糙度进行测量控制。

转轮、导叶、止漏环和抗磨板喷涂方案说明:

泥沙冲刷对水轮机过流通道是全方位的,流道中流速越高,磨损越严重,水流形成的冲角越大,磨损也越严重。

由于蜗壳、座环、尾水管内相对流速较低,均为焊接件,只要提高焊缝质量,或设计好和精心打磨固定导叶的头部,防止局部脱流产生,可基本消除这几个零部件的磨蚀。蜗壳、座环和尾水管可不采取喷涂措施。如果在第一个汛期运行后,观察蜗壳、座环和尾水管的磨损情况比较严重,可以采用 AC – ETC 碳化硅环氧复合涂层进行喷涂:此种材料一般在贯流式和轴流式转轮室上使用(如万家寨电站),它由不同高分子聚合物和添加剂组成,施工中分底层和耐磨蚀层,涂层底层与金属表面有极强的黏结力,黏结直拉强度 40 ~ 60 MPa。该涂层用于相对流速较低的地方,成本相对超音速火焰喷涂更经济。

导叶、转轮区间的相对流速较高,因此导叶、转轮均采用进口金属碳化钨材料超音速火焰喷涂。其具体方案如下:

导叶和顶盖、底环抗磨板表面型线比较简单,也不受喷涂设备的限制,可对全部表面进行喷涂。

由于转轮喷涂是最后一道工序,混流式转轮由于结构形状弯曲,叶片中间部位受到喷涂设备的限制不喷涂,对进、出水边,上冠进水和下环出水部分的过流表面进行喷涂,喷涂的部位也是最容易受到泥沙冲刷的地方。

由于转轮上冠和下环的止漏环与转轮连接为一体,容易受到冲刷破坏,可对其密封面进行喷涂。

梳齿止漏环的梳齿内面受到喷涂设备限制,不能作喷涂处理,其中一面作喷涂。

转轮、抗磨板和导叶喷涂层表及示意图见图 3.2-1 ~ 图 3.2-4。

导叶、转轮、抗磨板喷涂位置见表 3.2-1。

表 3.2-1

序号	部件名称	本体材料	防护材料	涂层厚度(mm)	说明
1	转轮叶片进水边及出水边正、背面	00Cr13Ni5Mo,数控加工完成	HP143a	0.3	见图 3.2-1
2	转轮上冠迎水面进口部分	00Cr13Ni5Mo,数控加工完成	HP143a	0.3	见图 3.2-1
3	转轮下环的出口部分	ZG00Cr16Ni5Mo,数控加工完成	HP143a	0.3	见图 3.2-1
4	转轮上冠密封面两处	00Cr13Ni5Mo,数控加工完成	HP143a	0.3	见图 3.2-1
5	转轮下环的密封面两处	00Cr13Ni5Mo,数控加工完成	HP143a	0.3	见图 3.2-1
6	顶盖抗磨板过流面	0Cr13Ni5Mo 钢板加工完成	HP143a	0.3	见图 3.2-2
7	底环抗磨板过流面	0Cr13Ni5Mo 钢板加工完成	HP143a	0.3	见图 3.2-3
8	导叶全部过流面	ZG0Cr16Ni5Mo 铸造坯件,加工完成后喷涂	HP143a	0.3	见图 3.2-4

注:HP143a 为进口金属碳化钨喷涂材料。

对喷涂部件的技术要求:

待喷涂部件表面达到"喷涂工艺"中的"待喷部件条件",即:

待喷部件是指已加工完毕并已按图纸要求最终验收后的部件,且喷涂部位无再加工及焊接操作。

表面条件:表面糙度最大为 6.3 μm,无裂纹、无腐蚀、无气孔、沙眼、无焊接加渣,表面硬伤孔洞直径不大于 0.5 mm。

气蚀条件:叶型与过流部件设计应按无气蚀或少气蚀设计,要求在真机运行中不发生强烈气蚀。

对叶片外缘等有配合间隙要求的地方,将需喷涂部件的尺寸减小0.3 mm,使喷涂后的尺寸达到要求,以保证配合间隙。

水轮机顶盖、底环采用不锈钢抗磨板,其把合螺钉封面位置会增大流道表面粗糙度,增强破坏的发生,其本身更换也需要重新加工,因而根据目前工艺技术水平的发展和应用,建议顶盖、底环采用带极堆焊不锈钢抗磨层代替抗磨板。

极堆焊是近年来发展起来的一种新型焊接方法,它是利用带极堆焊设备在钢材基体上采用埋弧焊型式将异种焊带(通常为不锈钢)堆焊在其表面,以提高钢材表面耐磨、耐气蚀、耐腐蚀等能力,提高了构件的总体刚度,更能让设备安全稳定运行。

水轮机顶盖、底环不锈钢抗磨层在历史上由于设备原因,通常是采用在过流面平面铺上一层不锈钢板(材料一般为1Cr18Ni9Ti 或0Cr13Ni5Mo),通过塞焊孔及周边焊缝与顶盖、底环焊为一体,其特点是抗磨板与顶盖、底环贴合面始终存在一定间隙,对工件的整体质量有一定影响。采用带极堆焊则是仕顶盖、底环过流面上堆焊上一定厚度的不锈钢层,使抗磨层与顶盖、底环结合成为一个整体,不但消除了老工艺方法存在的结合面间隙问题,而且提高了整个顶盖、底环的刚度,从而提高了机组运行的可靠性。同时即使抗磨层产生一定的磨损性能,进行表面堆焊修复处理时也不会像用钢板塞焊的抗磨层那样易产生变形。

第4章 水电站技术改造

4.1 轴流机组改造

本节以河南三门峡水利枢纽电站轴流机组的改造为例介绍机组改造的一些技术方案。

4.1.1 概述

三门峡水利枢纽位于黄河中游河南陕县境内。控制流域面积 68.84 万 km^2,占全流域的 91.5%。枢纽于 1957 年 4 月开始建设,1960 年 9 月水库蓄水运用。由于蓄水后库区发生严重淤积,工程于 1965～1968 年、1969～1978 年先后进行了两次大的改建。改建后的枢纽工程有效地增加了枢纽泄流规模和排沙比,结合水库采用"蓄清排浑"运行方式,使库区淤积问题基本得到解决。

三门峡水电站现在装设 7 台水轮发电机组,其中 1#～5#机组为轴流转桨式水轮发电机组,单机容量为 50 MW。为减小非汛期弃水,只在非汛期运行的 6#、7#机组采用混流式水轮发电机组,单机容量为 75 MW。

5 台轴流式水轮发电机组自 1973 年底至 1980 年间,1#～5#机组为全年运行,这期间水库处于"滞洪排沙"的运行方式,黄河高含沙水流对水轮机过流部件的严重磨蚀损坏,使水轮机效率下降 10% 以上,以致到 1978 年底先投入的 3#、4#机组叶片及转轮室严重破坏已近于报废。

为改善机组运行状况,从 1980 年起,电站停止汛期运行,每年损失电量近 3 亿～4 亿 kWh。

小浪底电站投运后,三门峡水电站各月运行水位以及电站运行方式与过去比较均有较大改变,再加上非汛期电量随上游来水量减少而减小,因此解决汛期发电问题已成为三门峡电站生存与发展的头等大事。

1989 年开始进行汛期浑水发电科学试验,研究解决电站汛期浑水发电难题,通过长达 6 年的试验研究,分别在水轮机抗磨研究、水库优化调度、电站运行管理等方面取得了一定的经验和成就,为 1#机组改造提供了实施的基础。

4.1.2 机组改造前运行情况

自 1973 年底第一台机组投入运行至今,电站经历三个阶段,即 1980 年以前的全年运行期;1980～1989 年非汛期运行期;1989 年、1999 年的非汛期的清水发电和汛期浑水发电试验期。电站第一阶段时期,枢纽泄流建筑物处于改建过程中,还不能完全达到设计要求的泄量,水库处于"滞洪排沙"期,不能正常发挥效益,库内大量泥沙需要排出,因此机组过机含沙量大量增加,据 1974 年实测过机含沙量统计,汛期平均过机含沙量为 26 kg/m^3,最高达 153 kg/m^3。

由于水轮机长期受高含沙量水流磨蚀,转轮叶片和转轮室遭受极其严重的破坏,以致造成机组效率下降 10% 以上。以 4$^#$ 机组为例:机组在运行 30 400 h,浑水 8 700 h(经历了第四和第五个汛期)之后,水轮机遭受极其严重的破坏,叶片磨蚀破坏已近于报废。转轮叶片背面靠外缘的严重磨蚀区域占叶片背面总面积的 40%,环氧金刚砂抗磨涂层早期脱落,叶片背面铺焊的不锈钢板也已蚀掉,母材侵蚀成葡萄串的深坑和沟槽,平均侵蚀深度达 30 mm,叶片进水边和出水边已大面积磨蚀掉,叶片外缘已磨蚀去 120 mm,残留部分是不规则锯齿状锋利刀口,叶片与中环之间间隙扩大到 50~120 mm,叶片背面内侧区域涂层基本保留。叶片正面环氧金刚砂涂层面积保留 95% 以上。

更为严重的是,6 套转轮共计 48 个叶片,有 45 个叶片在叶片枢轴根部出水边一侧不断发现有不同程度的裂纹,机组被迫大修。水轮机的主轴密封和叶片枢轴上止封装置等也遭受泥沙磨损的影响,事故常有发生。

原 1$^#$~5$^#$ 发电机组是 20 世纪 70 年代初期生产的第一代"黄绝缘"B 级绝缘电机。因受当时制造水平的限制,并经受了长期机械、电气、热各种负荷运行的影响,发电机线棒和槽绝缘受电腐蚀较为严重,且温升较高,线圈绝缘日趋老化。虽经压紧处理,状况仍然不佳。

综上所述,三门峡水电站过机泥沙条件和原设计抗磨防护措施已不能保证机组全年安全发电运行,三门峡水电站 1$^#$~5$^#$ 机组必须改造。

4.1.3 机组改造选型和结构设计

4.1.3.1 机组改造选型

三门峡水电站最大水头为 41.7 m,最小水头为 21.5 m,额定水头为 31.5 m,单机容量为 50 MW。

在上述水头范围内,可供改造选择的水轮机机型有:轴流转桨式和混流式两种。在三门峡水电站,采用混流式机型和轴流式机型各有优缺点。

1)混流式机型的优缺点

(1)混流机组与轴流机组相比,机组转速可以从现有的 100 r/min 降为 83.3 r/min,从而使水轮机转轮在额定工况出口相对流速从 33.5 m/s 降为 26.6 m/s,磨损强度可降为原有的 0.446~0.397。

(2)混流式机型结构简单,没有转轮室,可避免转轮室的磨蚀与检修的困难,也没有叶片裂纹问题。

(3)混流式机型空化系数小,在现有装机高程下对减轻空蚀有利。

(4)混流式机型的缺点是:不能利用现有机组的发电机、蜗壳和座环。不仅原有设备报废,水工流道也要改造,施工周期长达 2 年,施工难度大,投资大。

2)轴流式机型的优缺点

(1)发电机、水轮机埋设件可不动,建设周期短,投资少。

(2)水头变化大,汛期与非汛期单位流量比达 1.65,轴流式机组效率变化平缓,以保持水轮机具有较高的效率。

（3）轴流式机组转轮叶片可拆，叶片宽敞平坦，检修方便，抗磨涂层施工方便。

（4）轴流机组转轮室磨蚀后检修工作量大，难度较大。

（5）轴流机组转轮出口相对流速较混流机组大，相对磨蚀比混流机组要高些。

（6）三门峡水电站原轴流式机型转轮叶片根部产生裂纹，严重影响电站的安全运行。

（7）在汛期低水头，轴流机组比混流机组多装机 10 MW。

综上所述，轴流式机型在运行特性、效率、检修、防护技术等方面都有一定的优势，主要缺点是：转轮出口流速较高，叶片根部易产生裂纹。

对三门峡水电站机组改造，首先是要解决汛期发电问题，增加电站经济效益，并适当加大机组容量。轴流式机组资金投入少，技术简单，施工周期短，见效快。而原三门峡水电站轴流机组的转轮所存在的问题，通过合理选择水轮机的水力参数、修型及更换叶片，合理选择材料和表面保护等措施是能较好解决的。

4.1.3.2 转轮最优工况参数的选择

根据近 10 年电站运行资料和今后电站的运行方式，电站运行水头为 21.5 ~ 41.7 m，加权平均水头为 33 m；汛期 7 ~ 10 月，水头一般为 21.5 ~ 25.5 m，汛期加权平均水头为 24.4 m；汛期前后 6 月、11 月、12 月、1 月 4 个月水头一般在 25.9 ~ 33.7 m，这期间平均水头为 32.7 m；2 ~ 5 月水头一般在 37.1 ~ 41.7 m，这期间平均水头为 40.0 m。从水轮机稳定性出发，水轮机设计水头选择为 33 m。

1）最优单位转速的选择

三门峡电站投运的 ZZ360 转轮，经长期观察，叶片进口边背面及外缘空蚀严重，高水头条件下转轮进口边背面脱流空化是其主要原因之一。降低 n_{110}，使高水头运行于较好工况区，则可减轻进口边空蚀。

2）最优单位流量的选取

据机组在汛期低水头运行时水轮机单位流量比较大的特点，要解决汛期磨损问题，应尽量使机组运行工况点靠近最优工况区。根据三门峡水电站汛期运行情况，水轮机最优单位流量在 900 L/s 左右为好。由于三门峡水电站原流道先天不足，蜗壳进口直径较小，尾水管高度较低，限制了机组流量，因此在转轮设计上需多做工作；相反，转轮在 Q_{110} 一定的条件下，对低水头水轮机出力做些限制。

4.1.3.3 水轮机流道参数

水轮机流道参数的修改目的也是为解决原转轮存在的问题和提高水轮机浑水运行时的抗磨蚀性能。流道参数的选择如下。

1）底环型式

转轮室采用全球型结构（将底环和中环制成整体）。全球型转轮室将底环的曲率半径减小，使底环转弯处的切点直径减小，使水流在该处拐弯时拐点向内移，改善了导叶出流条件，使进入转轮之前的水流环量改变更加充分，实际上相当于加大导叶节圆直径。底环形式改变对减小水流在该部分脱流，改善了转轮入口水流条件，提高效率，还会减轻进水边空蚀及因旋涡流而引起的磨损。

2)叶片的中心线高度 h_0(底环面至叶片中心)

原机组 h_0 偏小($h_0 = 0.208D_1$),转轮流态不好。汛期低水头运行时,桨叶处于大的转角处,叶片头部立得较高,转轮进口流态不好,兼顾出流条件,适当加大 h_0,新转轮比原转轮加大了 0.5 m。

3)喉管直径 D_t

由于新转轮叶片少,叶片包角小,有利于加大喉管直径 D_t。

三门峡水电站运行单位流量不超过 1.2 m^3/s,叶片转角一般不超过 +100°(最优工况为 -20°),叶片出水边伸出转轮室少,因此可以增大 D_t。

增大 D_t,流量可加大或喉管处流速可降低,对转轮能量、空化及抗磨性能有利。

4)喉管处外切圆圆弧半径 R_t

R_t 减小,大大弥补了由于喉管直径增大而造成转轮室包角降低的缺陷。喉管处外切圆圆弧半径减小,可使喉管处距叶片中心线处高程差 h_t 降低;R_t 减小,可使尾水管直锥段与圆弧切点抬高,减小尾水管扩散角,改善了尾水管水流条件。

4.1.3.4 叶片裙边

根据裙边试验结果和其他轴流式机组电站的改造经验,轴流转桨机组在叶片加裙边条件下,可改善叶片外缘和转轮室空化性能。

4.1.3.5 新转轮主要性能参数

1)各水头时模型最大效率

模型最大效率见表 4.1-1。

表 4.1-1 模型最大效率

水头 H(m)	ZZ360(原机组)(%)	ZZK7(新转轮)(%)
41.7	85.2	91.2
31.5	87.2	90.8
30.0	87.3	90.8
24.4	87.2	88.9
21.5	86.6	87.2
最优点	87.54	91.3
运行区模型加权平均效率	86.62	89.7

2)空化性能

在申站装置空化系数 σ_p 下,在叶片可视区域(叶片进口头部区域不可视),除叶片外缘靠出口边处有间隙空化外,叶片表面没有发现空泡;特别是在低水头大负荷时,初生空化系数小于电站装置空化系数。空化性能良好(见表 4.1-2 ~ 表 4.1-4)。

表 4.1-2 ZZK7(新转轮)空化性能

电站净水头 H(m)	最小出力 (MW)	最大出力 (MW)	尾水位 (m)	电站装置空化 系数 σ_p	空化安全系数 K_σ
21.5	10.0	41.75	282.7	0.80	1.82
24.4	12.25	48.90	280.7	0.60	1.46
30	15.56	62.24	279.2	0.46	1.37
41.7	21.5	65.0	278.4	0.31	1.89

表 4.1-3 空化性能对比

转轮型号	额定工况			最小水头工况(出力为 36.1 MW 时)		
	σ_p	σ_m	K_σ	σ_p	σ_m	K_σ
ZZ360	0.437	0.35	1.24	0.814	0.36	2.26
ZZK7	0.437	0.28	1.55	0.814	0.35	2.33

表 4.1-4 ZZK7(新转轮)主要性能参数

工况	项目	单位	参数
额定工况	转轮直径 D_1	m	6.1
	额定转速 n_r	r/min	100
	额定水头 H_r	m	31.5
	额定容量 N_r	MW	61.9
	额定流量 Q_r	m³/s	218.89
	额定效率 η_r	%	91.5
	模型空化系数 σ_s		0.28
	电站吸出高度 H_s	m	-4.0
	空化安全系数 K_σ		1.55
最大水头工况	最大水头 H_r	m	41.7
	水轮机容量 N_r	MW	61.9
	水轮机流量 Q_r	m³/s	160.9
	水轮机效率 η_r	%	94.04
	模型空化系数 σ_s		0.155
	电站吸出高度 H_s	m	-3.4
	空化安全系数 K_σ		1.96

工况	项目	单位	参数
最小水头工况	最小水头 H_r	m	21.5
	水轮机容量 N_r	MW	36.1
	水轮机流量 Q_r	m³/s	191.86
	水轮机效率 η_r	%	89.2
	模型空化系数 σ_s		0.35
	电站吸出高度 H_s	m	−7.7
	空化安全系数 K_σ		2.33
汛期水头工况	汛期加权平均水头 H_r	m	24.4
	水轮机容量 N_r	MW	43.6
	水轮机流量 Q_r	m³/s	201.43
	水轮机效率 η_r	%	90.43
	模型空化系数 σ_s		0.33
	电站吸出高度 H_s	m	−5.2
	空化安全系数 K_σ		1.825

综上所述,新转轮在能量、空化、稳定性上均比原转轮有可观的改善,且能满足电站的出力及各方面的要求。

4.1.3.6 预防转轮叶片裂纹的措施

1)原转轮叶片裂纹情况

电站从 1973 年 12 月机组运行以来,到 1989 年 12 月 5 台水轮机共投入 6 套转轮叶片,共计 48 个叶片。已有 45 个叶片在叶片枢轴根部出水边一侧不断发现有不同程度的裂纹,尤其以 4# 机组叶片裂纹最为严重,4# 机组于 1973 年开始运行,1978 年大修时已有裂纹,1985 年 11 月对其进行修复,1987 年 2 月在机组运行 6 000 h 左右时机组振动摆度突然增大,经停机检查发现,5# 叶片出水边断掉 2/3,其他叶片裂纹也十分严重,机组被迫大修,更换叶片。

三门峡电站叶片裂纹已是决定机组大修的主要因素,也是继过流部件严重磨蚀问题之后,近几年来出现的又一重要问题。

裂纹均出现在叶片出水边枢轴根部——枢轴法兰与叶片内缘弧面交叉应力集中处。裂纹指向叶片外缘吊装孔,与枢轴轴线成 20° 左右的夹角。裂纹走向较直,不锈钢叶片更为明显。

裂纹出现的时间及发展规律性也很强,一般叶片在使用 3 ~ 4 年后即开始出现,长度在 100 mm 以内。在 7 ~ 8 年后发展到比较严重,裂纹长度在 200 mm 左右。10 年之后如不及时检查,就会发生断裂。

裂纹有明显的疲劳断裂特征。根据 4# 机组 5# 叶片断口情况可知,裂纹从上述位置出现,裂纹起始段表面稍有波浪起伏,说明裂纹走向在初期有几次变化。以后断缝基本上沿直线发展,断面较平,十多道半椭圆形断痕十分清晰,具有明显的疲劳断裂特征。在断缝表面尤其在叶片根部能明显看到气孔、夹渣等材质缺陷。

2) 裂纹原因分析

(1) 静应力分析。

通过有限元计算,在额定转速、额定容量、最大水头条件下,考虑到应力集中的影响,叶片的最大剪应力 $\sigma_{p3max} = 120.6$ MPa $< \sigma_s = 298.1$ MPa,说明静力计算叶片强度是足够的。

(2) 动应力分析。

根据机组转速、导叶和转轮叶片数可以计算出:在稳定工况下,转轮叶片和导叶的干扰频率分别为 13.4 Hz 和 40 Hz;在飞逸工况下,轮轮叶片和导叶的干扰频率分别为 33.3 Hz 和 100 Hz。

从叶片固有频率和水力干扰频率看,导叶出口产生的压力脉动在稳定工况和飞逸工况下分别与叶片在水下的第 I 阶和第 III 阶的固有频率相接近,叶片有可能在该频率下产生共振。

3) 新转轮抗断裂措施

(1) 提高材料品质和质量,由原来的 ZG20SiMn 改为 G – X5Cr13.4 不锈钢,材料应力和断裂韧性均有提高。

(2) 加大叶片厚度,叶片最大厚度由 268 mm 加厚至 309 mm。

(3) 解决原叶片出水边过长问题,改善了水力负荷平衡和机械强度。

(4) 加大应力释放凹口的曲率半径,半径由原 15 mm 加大到 26 mm。

(5) 将导叶与叶片数之比 24/8 整数改为 24/7 非整数,避免产生水力共振。

采取上述措施后,产生裂纹的可能性将会明显减小。

根据静应力和疲劳应力累加分析,无论在叶片上,还是在转轮体上,都不会出现危险的应力值,同时根据自振频率模型分析,也未发现自振频率与可能的激振频率接近的情况。

4.1.3.7 水轮机过流部件防护

为了防护水轮机过流部件的腐蚀,减少埋入部件的检修工作,延长检修周期,对水轮机过流部件进行防护。

改造设计中,新转轮叶片将采用 G – X5Cr13.4 不锈钢材料,其防护确定采用最佳抗磨和抗空化性能的碳化钨涂层材料硬涂层和聚氨酯涂层材料软涂层。

五个叶片上将全部喷涂碳化钨,为了试验研究位于硬涂层上的软涂层的可行性,一个叶片在进水边和叶片外缘的硬涂层上喷涂软涂层。上述六个叶片外圆端面仅喷涂碳化钨涂层。

为了研究不锈钢母材上喷涂软涂层的可能性,有一个叶片在进水边、出水边和叶片外缘喷涂软涂层。

转轮轮毂、导叶上下端面、顶盖抗磨板表面、转轮室,喷涂碳化钨硬涂层;导叶过流面、泄水锥喷涂聚氨酯软涂层。

4.1.4　运行情况

1#机组改造从 1999 年 11 月 8 日开始拆机,至 2000 年 5 月 26 日完成,并开始新机组的回装,2000 年 12 月 22 日机组回装工作完工,具备验收试运行条件。三门峡水电站 1#机组改造投运后,各水头工况下运行稳定,按要求达到设计出力,水轮机实际效率有较大幅度的提高。从改造后运行近 10 年尤其经 10 个洪水期运行效果来看,在水力设计、结构设计和碳化钨硬涂层等方面抗磨蚀应用情况良好,其导叶套筒采用的新密封结构使用情况非常理想,顶盖部分几乎不上水。

在水轮机主要过流部件表面如叶片背面、转轮室球面碳化钨硬涂层基本完好无破坏,抗磨蚀效果较好。聚合物软涂层虽然具有良好的抗空蚀性能,但在三门峡容易受到水流中挟带的尖硬物体冲击,一旦有初始破坏,涂层破坏面积容易快速扩大。

4.1.5　建议

1#机组技术改造,利用原机组中的发电机、水轮机埋件,采用德国 VOITH 公司为三门峡水电站研制的轴流式 ZZK－7 型转轮,并对过流部件以及发电机进行相应的改造。改造后,机组容量将由原来的 50 MW 增加到 60 MW,可实现汛期浑水发电,创造出更大的经济效益和社会效益。

三门峡水电站 1#机组技术改造中应用了新的技术进行了转轮的优化设计,采用了新的结构工艺对机组结构进行了改造,对抗磨损和空蚀材料进行了比选,在施工和运行中也积累了丰富的经验,减少了电站机组检修的工作量,增加了电站汛期运行时间,提高了电站发电效益,运行结果表明:1#机组改造是成功的,为 2#~5#机组的改造提供了宝贵的经验,建议尽快开展 2#~5#机组的改造工作。

4.2　灯泡贯流机组改造

本节以黄河沙坡头水利枢纽北干渠电站灯泡贯流机组的改造为例介绍机组改造的一些技术方案。

黄河沙坡头水利枢纽位于宁夏回族自治区中卫县境内的黄河干流上,上游 12.1 km 为拟建的大柳树水利枢纽,下游 122 km 为已建的青铜峡水利枢纽。枢纽距自治区首府银川市 200 km,距中卫县县城 20 km。沙坡头枢纽工程是以灌溉、发电为主的综合利用工程。2000 年该工程被列为国家西部大开发重点建设的水利水电项目,工程于 2001 年 4 月 6 日开工。工程建设期 4 年,电站第一台机组 2004 年 2 月发电,最后一台机组在 2005 年 4 月发电。

以发电为主的河床电站装机 4 台,机型为灯泡贯流机组,总装机容量为 116 MW,单机容量为 29 MW,保证出力 51 MW。

北干渠渠首电站在黄河北岸与河床电站同一个厂房,担负的灌区为美利渠灌区、跃进渠灌区。电站装机 1 台,机型为灯泡贯流机组,容量为 3.1 MW,机组年利用小时数为

3 123 h,年灌溉天数为 161 d。基本上是灌溉用多少水发多少电,发电服从灌溉。每年的 12 月份至翌年 3 月份不灌溉,可以安排机组检修,水轮机最大水头为 8.22 m,加权平均水头为 7.64 m,最小水头为 6 m,设计年电量为 968 万 kWh。

北干渠电站于 2005 年 4 月投产发电。

4.2.1 北干渠电站机组基本资料

上游正常蓄水位:1 240.5 m。

下游尾水位—流量关系见表 4.2-1。

最高尾水位:1 233.16 m($Q = 55.5$ m³/s);

最低尾水位:1 232.08 m($Q = 25.7$ m³/s);

加权平均水头:7.64 m;

额定水头:7.2 m。

表 4.2-1 下游尾水位—流量关系

水位(m)	1 232.0	1 232.2	1 232.4	1 232.6	1 232.8	1 233.0	1 233.2
流量(m³/s)	23.88	28.68	33.81	39.34	45.29	51.6	56.61

北干渠电站机组由东方电机厂有限公司供货,机组参数见表 4.2-2。

表 4.2-2 北干渠电站水轮发电机组主要参数

项目	单位	参数
水轮机型号		GZA684 – WP – 300
装机台数	台	1
单机/装机容量	kW	3 100/3 100
转轮直径	m	3
额定/飞逸转速	r/min	150/404
最大/加权平均/最小水头	m	8.22/7.64/6
额定水头	m	7.2
额定流量	m³/s	48.82
额定/最高效率	%	94.2/94.75
额定出力	kW	3 250
比转速	m · kW	738.7
吸出高度	m	−0.86(至机组中心线)
安装高程	m	1 227.8

4.2.2 机组运行现状

北干渠电站于 2005 年 4 月投产发电,2005 年发电量 354 万 kWh,2006 年发电量 646

万 kWh,2007 年发电量 574 万 kWh,2008 年发电量 488 万 kWh,2009 年发电量 556 万 kWh(不包括 11 月份)。

北干渠机组运行 4 年以来,出现过的问题主要有:主轴密封漏水、轴承润滑油系统供排油不平衡、技术供水系统不稳定、组合轴承上游端盖漏油、受油器漏油、导水机构操作故障等。有些问题经过电厂处理得到了较大改善,目前影响机组安全运行的问题是受油器以及接力器操作系统。从 2008 年开始受油器和接力器操作系统经常故障,2008 年 5～10 月,5# 机组停机检修 3 次,主要原因是受油器漏油大引起一系列故障,控制环操作不动。其中 2008 年 5 月、7 月和 2009 年 9 月对受油器本体进行了拆检。

表 4.2-3 列举了北干渠机组受油器检修情况。

表 4.2-3 2008～2009 年北干渠机组受油器检修记录

编号	检修时间(年-月-日)	检修内容
1	2008-05-15～05-31	转子、滑环、碳刷检查、清扫,受油器拆检
2	2008-07-07～07-16	受油器漏油处理
3	2008-10-24～11-01	受油器漏油处理
4	2009-08-13～08-18	受油器漏油处理、滑环清扫
5	2009-08-25～08-29	受油器漏油处理
6	2009-09-22～09-29	受油器漏油处理

由于受油器连续故障停机增加了检修费用,影响了机组发电,表 4.2-4 列出了 2008～2009 年北干渠机组受油器故障检修造成的电量损失。

表 4.2-4 2008～2009 年北干渠机组停运造成的电量损失

北干渠机组停机时间(年-月-日)	弃水量(亿 m³)	损失电量(万 kWh)
2008-05-11～05-31	0.661 5	97.9
2008-07-07～07-16	0.283 9	44.8
2009-08-13～08-18	0.138 1	20.8
2009-08-25～08-29	0.085 2	12.1
合计	1.168 7	175.6

2008 年北干渠灌溉期间因机组故障检修,共造成弃水 0.945 4 亿 m³,损失发电量 142.7 万 kWh,经济损失 35.675 万元,2008 年检修施工费 53 628 元,共计经济损失 41.035 万元(不包括漏油损失、检修耗材和电厂人工费)。

2009 年北干渠灌溉期间因机组故障检修,共造成弃水 0.223 3 亿 m³,损失发电量 32.9 万 kWh,经济损失 8.225 万元,2009 年检修施工费约 5.2 万元,共计经济损失 13.425 万元(不包括漏油损失、检修耗材和电厂人工费)。

由此可见,对北干渠机组进行技术改造是必要的。

4.2.3 机组改造方案

根据机组运行情况及受油器、控制环出现的问题,目前受油器有两种方案可以选用,方案一是对机组受油器进行改造,方案二是对机组转桨改定桨进行改造,以下对两种方案分别叙述。

4.2.3.1 受油器改造

机组在运行过程中,现用的受油器在靠近发电机侧出现漏油,油甩到电机滑环罩上,曾导致滑环烧毁,造成停机检修,影响电站正常的运行、发电和灌溉,并且由于空间狭小,检修维护困难。

改造受油器方案见图4.2-1。

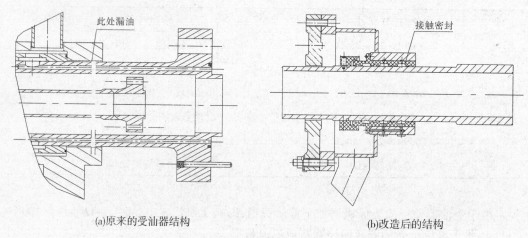

(a)原来的受油器结构   (b)改造后的结构

图4.2-1

原结构漏油的原因是浮动瓦磨损或间隙较大,油从间隙处漏出。将其改为接触密封后,密封效果更好,已在多个电站采用,未出现漏油现象,通过实地观察本电站的位置,有足够的空间来实施本方案。

密封结构的厂家制造运输费用为8万元左右。

4.2.3.2 转桨改定桨

根据北干渠电站2005～2009年发电情况,北干渠电站在额定出力(发电机出力3 100 kW,额定水头为7.2 m,额定流量为48 m³/s)时基本不运行,在30%额定出力以上现工作区域,净水头变化范围计算值为7.6～8.6 m(对应流量44～15 m³/s)。

2008年北干渠电站机组30%额定出力以上累计运行时间约2 726 h,年发电量为488万kWh,机组带1 900～2 100 kW有功负荷运行时间982 h,占机组运行时间的36%,发电量为197.4万kWh,占全年电量的40.44%。

2009年(11月份尚未发电)北干渠电站机组30%额定出力以上累计运行时间2 731 h,年发电量556万kWh,机组带1 900～2 100 kW有功负荷运行时间1 101 h,占机组运行时间的40%,发电量230万kWh,占全年电量的42%,有功负荷及运行时间统计见表4.2-5。

表 4.2-5　北干渠水轮发电机组运行有功负荷及运行时间统计

有功负荷(kW)	2008 年运行时间(h)	2009 年运行时间(h)
0 ~ 600	388	214
600 ~ 1 000	685	258
1 000 ~ 1 400	316	236
1 400 ~ 1 600	44	222
1 600 ~ 1 800	376	416
1 800 ~ 1 900	148	400
1 900 ~ 2 000	393	655
2 000 ~ 2 100	589	446
2 100 ~ 2 200	134	68
2 200 ~ 2 300	35	30
2 300 ~ 2 400	6	0
合计	3 114	2 945

2005 ~ 2009 年北干渠电站机组运行记录的最大有功功率 2 300 kW。

机组如果定桨运行,为尽量提高机组效率,叶片转角设置以原额定点(发电机额定出力 3 100 kW,额定水头 7.2 m)确定是不合适的,应以带 2 000 kW 有功负荷运行或现状带 2 300 kW 最大有功负荷为选择点,根据电厂实测有功负荷与流量关系(见表 4.2-6),机组过机流量分别约为 39 m^3/s 及 44 m^3/s,经计算并查 A684 模型转轮综合特性曲线,转角范围为 19.0° ~ 21.5°。

表 4.2-6　北干渠电站机组有功负荷—过机流量关系(电厂提供)

机组有功负荷(kW)	机组流量(m^3/s)
600 ~ 650	12
750 ~ 800	15
850 ~ 900	17
950 ~ 1 000	19
1 250 ~ 1 300	25
1 450 ~ 1 500	29
1 600 ~ 1 650	32
1 750 ~ 1 800	35
1 950 ~ 2 300	39
2 150 ~ 2 200	43
2 200 ~ 2 250	44

转桨改定桨,结构改造方案如图4.2-2 所示。

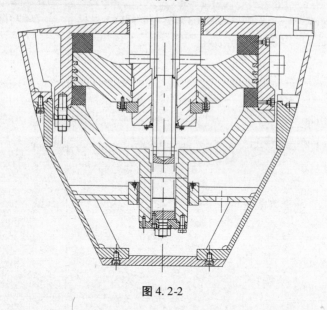

图 4.2-2

由于改为定桨后,不再向转轮接力器和轮毂供油,整个受油器系统将退出运行,就杜绝了漏油,改善了泡头内的作业空间,运行、维护方便。

此方案除在转轮上需要采取措施固定外,还需在受油器侧增加封头,进行转轴加工,以便安装齿盘测速。由转桨改为定桨后,调速器桨叶主配压阀和伺服比例阀退出工作。

厂家制造运输费用为10万元左右。

4.2.4 结论和建议

4.2.4.1 结论

如果改造电站受油器,一次性投资不大,水轮发电机组的运行较好,因导叶开度与桨叶开度能协联,机组流态好,效率高,电能指标较高,运行安全可靠,不足是仍存在对受油器系统的运行和维护成本,检修维护空间小。

采取改定桨方案,杜绝了漏油问题,改善了泡头内的作业空间,但对于机组的长期运行有一定的影响。由于本电站担负灌溉和发电双重任务,从实际运行的资料看,流量大小不一,有20%左右的时间运行在 20 m³/s 以下,在改为定桨后,此部分工况效率会下降,按初步确定的电能减少最少的转桨角度(19°)估算,全部工况电量损失约为年发电量的10%左右,也就是说,按 2008 年发电情况看要少收入电费12.2 万元,按 2009 年发电情况看要少收入电费13.5 万元。

综上所述,两种方案各有利弊,均具可行性,受油器改造方案稍优。

4.2.4.2 建议

(1)鉴于北干渠机组运行多年来出现的较多问题,尤其是控制环操作不动问题,建议电站有条件时尽早进行一次机组大修。

(2)机组如果由转桨改为定桨运行,机组在带800 ~ 1 500 kW 有功负荷运行时,机组运行将可能会出现不稳定现象,引起机组振动、摆度、噪声加大,也可能出现机组运行不安全的情况。故建议采取方案一解决受油器漏油问题。

（3）为避免以上情况的发生,建议现阶段机组可适时、短时带 800～1500 kW 有功负荷做定桨试运行,观察机组运行情况,记录有功功率并与对应流量的前期转桨运行时的有功功率做比较,监测机组振动、摆度、噪声等指标,以便最终确定机组是否可以在 30%～100% 额定出力时定桨安全、稳定运行。

经过成功的试运行后,后期如果改为定桨运行,在北干渠引用流量加大时,叶片转角应做计算调整。

当机组带 800～1 500 kW 有功负荷定桨试运行时若出现不稳定现象,机组振动、摆度、噪声加大,超过相应规范标准要求,机组运行出现不安全的情况时,应终止定桨试运行。

第5章 水电站、泵站过渡过程技术研究

本章主要通过某些水电站、水泵站过渡过程的计算过程和结果,对水力机械过渡过程进行分析、研究。

5.1 灯泡贯流机组过渡过程技术研究

本节针对黄河沙坡头水利枢纽电站灯泡式水轮机进行过渡过程计算分析研究。

5.1.1 概述

黄河沙坡头水利枢纽位于宁夏回族自治区中卫县境内的黄河干流上,距银川 200 km,距中卫县县城 20 km。其上游 12.1 km 为拟建的大柳树水利枢纽,下游 122 km 为青铜峡水利枢纽。沙坡头水利枢纽工程是以灌溉、发电为主的综合利用工程。

河床电站以发电为主,安装 4 台灯泡贯流机组,总装机容量为 116 MW,单机容量为 29 MW,保证出力为 51 MW,机组年利用小时数为 5 129 h。

南、北干渠渠首电站以灌溉为主。北干渠渠首电站在黄河左岸,与河床电站同一厂房,电站装 1 台灯泡贯流机组,容量为 3.1 MW,机组年利用小时为 2 942 h,年灌溉天数 161 d。南干渠渠首电站在黄河右岸,独立厂房,电站装机容量为 2.4 MW,安装 1 台单机容量为 1.2 MW 的轴伸贯流机组,机组年利用小时为 2 942 h,年灌溉天数 161 d。

本工程水电站水力过渡过程计算分析(以下简称过渡过程计算)包括河床电站、南干渠渠首电站、北干渠渠首电站的机组在各种组合工况下稳定运行和瞬变运行条件下机组动力参数和流道水力参数计算分析,其内容为计及坝上游河道、下游河道和南北干渠的下游明渠涌浪影响的过渡过程计算结果。其目的是求取机组在过渡过程中的最大压力、最大转速、最大水推力及系统中的最小压力,此外因河床式电站在机组甩负荷时,流量变化常较大,上游会引起明显的涌浪,这不仅会影响各个机组的过渡过程特性,也会波及河床上游旅游区的水位变化,预估这种水位变化也是此过渡过程计算的目的。

5.1.2 计算数学模型

黄河沙坡头水利枢纽工程水电站水力过渡过程计算涉及:

(1)一维封闭管道不定常流动数学模型;

(2)一维明渠流动数学模型;

(3)上、下水库端边界计算;

(4)双重调节转轮边界计算特性描述;

(5)管流、明流的联合计算模型;

(6)多机系统初值计算;

（7）轴向水推力的计算；

（8）调速器方程。

现主要对一维封闭管道不定常流动、一维明渠流动、上（下）水库端边界计算、转轮边界及调速器、管流和明流的联合计算模型、系统初值计算、轴向水推力计算等的数学模型分述如下。

5.1.2.1 一维封闭管道不定常流动

根据流量连续和动量守恒原理，一维封闭管道不定常流动可以用连续方程和动量方程描述。

连续方程：

$$v\frac{\partial H}{\partial x} + \frac{\partial H}{\partial t} - v\sin\alpha + \frac{a^2}{g}\frac{\partial v}{\partial x} = 0 \tag{5.1-1}$$

动量方程：

$$g\frac{\partial H}{\partial x} + v\frac{\partial v}{\partial x} + \frac{\partial v}{\partial t} + \frac{fv|v|}{2D} = 0 \tag{5.1-2}$$

其中，H 为测压管水头；v 为平均流速；g 为重力加速度；f 是达西-威斯巴哈摩擦系数；α 为管道中心线与水平线的夹角；D 为管道直径；a 为波速。

用特征线法可将上述方程转为如下差分方程：

$$C^+ : H_i^{j+1} = C_P - BQ_i^{j+1} \tag{5.1-3}$$

$$C^- : H_i^{j+1} = C_M + BQ_i^{j+1} \tag{5.1-4}$$

式中

$$C_P = H_{i-1}^j + (B+C)Q_{i-1}^j - RQ_{i-1}^j|Q_{i-1}^j| \tag{5.1-5}$$

$$C_M = H_{i+1}^j - (B+C)Q_{i+1}^j + RQ_{i+1}^j|Q_{i+1}^j| \tag{5.1-6}$$

此处，$\Delta t = \Delta x/a$，$B = \dfrac{a}{gA}$，$C = \dfrac{\Delta t}{A}\sin\alpha$，$R = \dfrac{f\Delta x}{2gDA^2}$，其中 Δt 为计算时步，A 为管道断面面积。如图 5.1-1 所示，用 i 表示管段上的计算断面的编号，用 j 表示时层号（如 H_i^j 表示管段第 i 结点第 j 时层的压力水头）。

5.1.2.2 一维明渠流动

具有自由表面的液体流动称为明渠流动。在本书中，将河床等效成明渠的模型进行计算。

根据流量连续和动量守恒原理，一维明渠不定常流动可以用连续方程和动量方程描述如下。

连续方程：

$$B\frac{\partial h}{\partial t} + \frac{\partial Q}{\partial s} = 0 \tag{5.1-7}$$

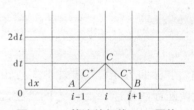

图 5.1-1 管流特征线 $x-t$ 网格

动量方程：

$$\frac{\partial Q}{\partial t} + \frac{2Q}{A}\frac{\partial Q}{\partial s} + gA\frac{\partial h}{\partial s} - \frac{Q^2}{A^2}\frac{\partial A}{\partial s} = gA(i - J_f) \tag{5.1-8}$$

式中，Q 为流量；h 为水深；B 为水面宽度；A 为断面面积；i 为底坡；J_f 为沿程水头损失的坡降;t 为时间;s 为空间沿渠长的坐标。

该双曲型偏微分方程组可以采用特征线显式格式求解。

5.1.2.3　上、下水库端边界条件

在过渡过程中假定上游水位、下游水位不变,处理成水位固定的边界,于是上游边界条件为水库与封闭管道流动连接,由式(5.1-4)、式(5.1-6)可得其边界方程为:

$$\begin{cases} H_{P1} = H_s \\ Q_{P1} = (H_{P1} - C_P)/B \end{cases} \tag{5.1-9}$$

式中,H_s 为上游水库的水位;$C_P = H_2 - (B+C)Q_2 + RQ_2|Q_2|$,下标1、2分别表示进口管道的第1、第2两个节点,下标P表示当前时段末的值。

下游边界条件也为管道水流与水库连接,所以对下游在此条件下也可以认为:

$$H_{NS} = H_r' \tag{5.1-10}$$

$$Q_{PNS} = (C_P - H_{PNS})/B \tag{5.1-11}$$

式中,H_r' 为下游水位。

5.1.2.4　转轮边界计算

转轮边界具有水头(H)、流量(Q)、导叶开度(y)和桨叶开度(φ)4个变量,必须用4个方程来联立求解,这四个方程是:压力平衡方程、力矩平衡方程、调速器方程以及协联方程。

1)压力平衡方程

如图5.1-2所示,设 H 为转轮水头,由压力平衡关系可得:

$$H + H_{P2} + Z_2 + \frac{W_2^2}{2g} = H_{P1} + Z_1 + \frac{W_1^2}{2g} \tag{5.1-12}$$

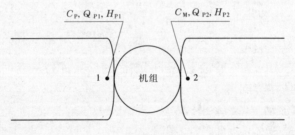

图5.1-2

下标1、2分别代表管1、2与转轮连接的上下游管道中最靠近转轮的断面,W_1、W_2 为此两断面的流速,A_1、A_2 为两管在此处的断面面积。

所以得到压力平衡方程为:

$$C_{P1} - C_{M2} - (B_1 + B_2)vQ_r + Z_1 - Z_2 + \frac{1}{2g}\left(\frac{1}{A_1^2} - \frac{1}{A_2^2}\right)v^2Q_r^2 - H = 0 \tag{5.1-13}$$

令:$CPM = C_{P1} - C_{M2}$,$BSQ = (B_1 + B_2)Q_r$,当机组两段管道没有高程差时,式(5.1-13)可以化成:

$$CPM - BSQv - H + \frac{1}{2g}\left(\frac{1}{A_1^2} - \frac{1}{A_2^2}\right)v^2Q_r^2 = 0 \tag{5.1-14}$$

式中，H 是 α, v, y, φ 的函数，取决于转轮的特性；$v = Q/Q_r$ 为相对流量。

2) 力矩平衡方程

力矩平衡方程可以表示为：

$$M - M_g - M_f = J\frac{\mathrm{d}\omega}{\mathrm{d}t}$$

一般情况下可以认为 $M_f = 0$，两边都除以 M_r，并用相对值表示，则可得：

$$m - \frac{P_g}{P_r\alpha} = T_a\frac{\mathrm{d}\alpha}{\mathrm{d}t} \tag{5.1-15}$$

式中，m 是 α, v, y, φ 的函数，取决于转轮的特性。

式中，m 为相对水力矩，$m = \frac{M}{M_r}$；M 为水力矩，$\mathrm{N \cdot m}$，M_r 为额定水力矩，$\mathrm{N \cdot m}$；P_g 为实际输出功率，kW，$P_g = M_g \cdot \omega$；M_g 为电机轴力矩，$\mathrm{N \cdot m}$；P_r 为额定功率，kW，$P_r = M_r \cdot \omega_r$；ω_r 为额定的轴旋转角速度；T_a 为机组加速时间常数，$T_a = \frac{J\omega_r}{M_r}$；$J$ 为机组转动惯性力矩，$J = \frac{MD^2}{4}$；MD^2 为机组转动飞轮力矩，$\mathrm{kg \cdot m^2}$；α 为相对转速，$\alpha = \frac{\omega}{\omega_r}$；$\omega$ 为轴的旋转角速度，$\omega = 2\pi n$；n 为转速，$\mathrm{r/min}$。

3) 协联方程

转桨式水轮机的协联曲线是一个二元函数，即：

$$\varphi = \varphi(y, n_1') \tag{5.1-16}$$

式中，y 为导叶开度；n_1' 为水轮机的单位转速。

它是一个非线性的二元函数，在实际计算中可以采用二元函数的插值方法，根据导叶开度和单位转速进行求解。

调速器方程在后面作为单独一部分给出。

4) 转轮特性描述

研究水电站调节系统的过渡过程，其难点之一就是水轮机特性的描述，由于水流运动的复杂性，水轮机特性是非常复杂的，无法用解析的方法来描述。对于转桨式水轮机来说，其水轮机的特性与下述因素有关：水头 H，流量 Q，导叶开度 y，桨叶转角 φ，机组转速 n。

这些参数的不同组合得到不同的工况，对几何相似的转轮具有相似的工况。相似工况有以下公式：

$$\left. \begin{aligned} \frac{D_1 n_1}{\sqrt{H_1}} &= \frac{D_2 n_2}{\sqrt{H_2}} = n_1' \\ \frac{Q_1}{D_1^2\sqrt{H_1}} &= \frac{Q_2}{D_2^2\sqrt{H_2}} = Q_1' \\ \frac{M_1}{D_1^3 H_1} &= \frac{M_2}{D_2^3 H_2} = M_1' \end{aligned} \right\} \tag{5.1-17}$$

已知模型转轮的某个工况的上述参数，则可应用相似转轮的相应工况的参数。

对转桨式机组来说，各个工况的 Q_1'、M_1' 是导叶开度 y、桨叶转角 φ 和水轮机单位转速

n'_1的函数,可表示为:

$$\left.\begin{aligned} Q'_1 &= Q'_1(y, \varphi, n'_1) \\ M'_1 &= M'_1(y, \varphi, n'_1) \end{aligned}\right\}$$

这是一个三维函数,加上水轮机内部流动复杂,无法用解析式表示,可以用数式表示其动态值,通过静态试验的结果进行插值。

由式(5.1-17)的 Q'_1 公式得:

$$\left.\begin{aligned} H &= \frac{Q^2}{D^4 Q'^2_1} = \frac{v^2 Q^2_r}{D^4 Q'^2_1} \\ m &= \frac{M}{M_r} = \frac{M'_1 H}{M'_{1r} H_r} = \frac{M'_1}{M'_{1r} H_r} \frac{v^2 Q^2_r}{D^4 Q'^2_1} \end{aligned}\right\} \tag{5.1-18}$$

5.1.2.5 管流和明流的联合计算模型

受库朗条件和计算精度的限制,在有明渠流动和封闭管道流动相连接的大型系统中,管流计算时步 Δt_c 及明流计算时步 Δt_0 不可能取相同的值进行仿真计算。解决明渠与管道流交界处的衔接问题,可以将时步上的衔接问题变为空间的延伸问题。

如图 5.1-3 所示,图中明渠部分实线为原来的空间与时间步长划分,虚线是为与管道流相匹配而在连接断面附近重新划分的空间与时间步长,斜线为特征线。程序设计的主导思想是在明渠与管道连接断面附近取出一小段明渠,与管道同步计算。这一小段明渠的 Δx 取为原明渠 Δx_0 的 $\frac{1}{N}$,其各断面上的 H、Q 值为原明渠在连接断面 J 处附近 0、1、2 三个断面上的 H、Q 二次插值得到的。这一小段明渠的断面数应为 $N+2$,其原因是 N 时步 J 断面的 H、Q 值要由 0 时步上的 $N+2$ 个断面定出——从物理的角度来讲,从明渠中波的传播速度与解的依赖区间可以看出,J 点的 H、Q 值也仅受 0 时步 $N+2$ 个断面的影响。具体解法可由图 5.1-3 分析得出,在此不再详述。

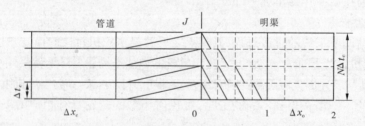

图 5.1-3 明渠流动和封闭管道流动连接模型示意图

5.1.2.6 多机系统初值计算

沙坡头电站中包括管道、明渠、水轮机,系统初值计算就是求在瞬变过程发生前系统中各单元的流量和各结点的水头,即系统稳定运行时各计算结点的水头、流量值。为了计算方便,本书引入流网计算方法对该系统进行初值计算,将管道、明渠、水轮机看做阻抗。流网可以看做是由一系列的单元组成,许多单元之间以一定数量的结点相连。以管道单元为例,如图 5.1-4 所示单元,规定水从 k 流向 j 时管道流量为正,设 H^i_k、H^i_j 分别为单元 i 连接于结点 k、j 的结点水头,Q^i_k、Q^i_j 分别为单元 i 连接于结点 k、j 的结点流量,规定从结点

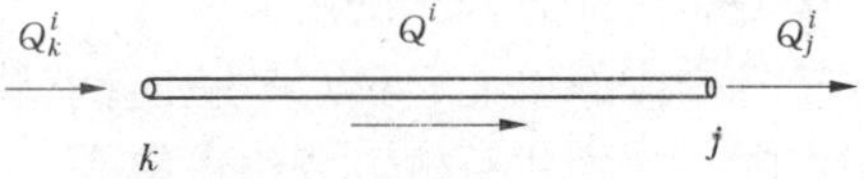

图 5.1-4

流出流量为正,由能量守恒定律可得

$$\left.\begin{array}{l} Q_k^i = K^i \Delta H^i = K^i (H_k^i - H_j^i) \\ Q_j^i = - K^i \Delta H^i = - K^i (H_k^i - H_j^i) \end{array}\right\} \tag{5.1-19}$$

式中的 K^i 通过损失系数求得,令管道损失系数为 S^i,则有

$$\Delta H^i = S^i Q_k^{i2} \tag{5.1-20}$$

$$K^i = \frac{1}{S^i Q_k^i} \tag{5.1-21}$$

式(5.1-20)用矩阵形式表示为:

$$\left\{\begin{array}{c} Q_k^i \\ Q_j^i \end{array}\right\} = K^i \left[\begin{array}{cc} +1 & -1 \\ -1 & +1 \end{array}\right] \left\{\begin{array}{c} H_k^i \\ H_j^i \end{array}\right\} \tag{5.1-22}$$

简写为 $\overline{Q^i} = \overline{K^i}\,\overline{H^i}$,其中,单元结点流量矢量为 $\overline{Q^i} = \left\{\begin{array}{c} Q_k^i \\ Q_j^i \end{array}\right\}$;单元特征矩阵为 $\overline{K^i} = $

$K^i \left[\begin{array}{cc} +1 & -1 \\ -1 & +1 \end{array}\right]$;单元结点水头矢量为 $\overline{H^i} = \left\{\begin{array}{c} H_k^i \\ H_j^i \end{array}\right\}$。

在流网中任一结点上需满足流量连续方程:连接此结点的所有单元从结点流出流量之和等于输入该结点的流量(若是消耗则为负值),对任一结点有

$$\sum_{i=1}^{N} Q_m^i = C_m \tag{5.1-23}$$

式中的 $\sum$ 为对结点 m 有贡献的所有 N 单元求和。由各结点的流量平衡方程可将各单元的流量平衡方程合并成总体方程组,简写为

$$\overline{K}\,\overline{H} = \overline{C} \tag{5.1-24}$$

式中,$\overline{H}$ 为流网水头矢量,由流网各结点的水头组成;$\overline{C}$ 为流网的输入矢量,由流网各结点处的输入流量(若为损耗则为负)组成,$\overline{K}$ 为流网特性矩阵,由单元特性矩阵扩充而成,每个单元有两个连接点,由单元特性方程可知,在流网特性矩阵中每个单元有 4 个基值,对如图 5.1-4 的单元,单元 i 只对 j、k 两点有贡献,对其他结点的贡献为零,将单元的系数 K^i 叠加到流网特性矩阵 $\overline{K}$ 的 (k,k)、(j,j) 位置上,将系数 $-K^i$ 叠加到 (k,j)、(j,k) 位置上,考虑所有的单元即形成流网特性矩阵 $\overline{K}$。由矩阵形成过程可知,矩阵为带状对称稀疏矩阵,解方程组时可利用该特性来节省计算机内存和计算时间。

对于流网总体方程组,必须引进适当的边界条件才能求解,对任一结点 m 有两种可能的边界条件,或者规定结点输入(或消耗)C_m,或者规定水头值 H_m,在流网计算时,为了求解方程组,结点边界条件必须至少规定有一个水头已知。由于流网特性方程组中的系数 K^i 与流量有关,计算中先给定管道的流量,通过迭代计算,使得前后两次的流量计算值

相差在给定误差范围内,来求得非线性方程组的解。

对于电站中的明渠、水轮机构成的单元,可以采用和管道单元一样的方法写出其单元方程组,和管道单元的单元矩阵一起构成总体方程组求解。

5.1.2.7 轴向水推力的计算

贯流转桨式水轮机运行时,由下列各项构成了水轮机的动态轴向水推力(规定水流方向为向下):

(1)尾水管进口的压力对叶片产生力 F_2,方向向上。则

$$F_2 = K_d \frac{\pi}{4} D^2 \rho g H_2 \tag{5.1-25}$$

式中,K_d 为轴向水推力系数;H_2 为尾水管进口压力(以水头计);D 为转轮直径。

轴向水推力系数 K_d 与转轮的叶片数、转轮的轮毂比、转轮的型号、转轮的止漏密封等有关,并考虑浮力的因素,可以根据试验数据和经验选取,如表 5.1-1 所示。

表 5.1-1　轴流式水轮机的 K_d

叶片数目	4	5	6	7	8
K_d	0.85	0.87	0.90	0.93	0.95

(2)螺旋桨的等效推力 F_1,方向向上。

在水轮机甩负荷时,导叶与桨叶的关闭使流量减小,转轮由于惯性在水中转动,叶片划水产生的向上的水推力,可以用导管螺旋桨水推力来模拟,因为轴流转桨式水轮机转轮外面的管道是固定的,所以用导管螺旋桨水推力模拟时,只需螺旋桨的水推力即可;所以 F_1 为

$$F_1 = K_T \rho n^2 D^4 \tag{5.1-26}$$

又因为轴是固定不动的,$v_A = 0$,所以 $J = 0$,即 $K_T = f_1(0)$,且此时产生的轴向水推力是最大的。

(3)考虑桨叶前的水压力 F_u,对轴向水推力构成进行相应的修正,即增加叶片前面的压力项。根据轴流水轮机的特点,在甩负荷时,关闭规律可以是桨叶拒动、导叶关闭,或桨叶、导叶连动。所以,在不同的关闭规律下,桨叶前面的水压力的影响效果是不一样的,于是对此水推力进行修正,方向向下

$$F_u = K_m K_u \frac{\pi}{4} D^2 \rho g H_1 \tag{5.1-27}$$

式中,K_u 为轴向水推力系数;H_1 为导叶前水压力(以水头计);K_m 为修正系数。系数 K_u 与 K_d 一样,受转轮的叶片数、转轮的轮毂比、转轮的型号、转轮的止漏密封等影响,还要考虑不同桨叶关闭规律的影响,可根据试验数据和经验选取;系数 K_m 是考虑过渡过程桨叶前面水击压力影响的时域。

则总的轴向水推力为

$$F = F_2 + F_1 - F_u \tag{5.1-28}$$

5.1.2.8 调速器方程

水轮机组在正常运行时,电力系统负荷发生变化或水轮机上下游的压力和流量受到

扰动都会使水轮机的水力矩与发电机负荷阻力矩发生不平衡,机组转速发生偏差。调速器通过调节导叶开度,相应地改变水轮机的流量,使改变后的水轮机水力矩与发电机阻力矩达到新的平衡,以维持机组转速在规定的范围内。

一般调速器有以下几种调节方式:

(1)比例调节方式;

(2)PI 调节方式;

(3)PID 调节方式。

在本书中应用的调节方式为 PID 调节方式,水轮机的导叶运动方程即为调速器方程。简化的 PID 调速器方框图如图 5.1-4 所示。PID 型调速器的传递函数为

$$G(s) = \frac{\Delta y(s)}{\Delta \alpha(s)} = -\frac{(T_d s + 1)(T_n s + 1)}{b_\lambda T_y T_d s^2 + [b_\lambda T_y + (b_p + b_t) T_d] s + b_P} \quad (5.1\text{-}29)$$

式中,T_d 为缓冲时间常数;b_λ 为局部反馈系数;T_y 为主接力器反应时间;b_P 为永态转差系数;b_t 为暂态转差系数;T_n 为微分时间常数。

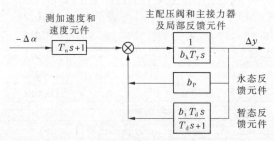

图 5.1-4　简化的 PID 调速器方框图

5.1.3　沙坡头水利枢纽全枢纽过渡过程计算

5.1.3.1　输水系统布置

电站引水发电系统的输水系统布置示意图以及单元、结点、管道分段和明渠分段的编号分别见图 5.1-5,其中单元编号用带方括号的数字表示,结点编号用纯数字表示,管段编号用带圆括弧的数字表示,明渠分段编号用圆括弧中带"'"的数字表示,各管段的特征线计

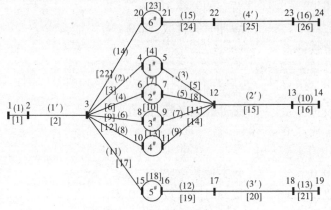

图 5.1-5　系统布置示意图

算断面沿上游到下游方向编号,各明渠分段的计算断面沿上游到下游方向编号。其中管段(1)、(10)、(13)和(16)为给定上游边界条件而设置的虚拟管段,在实际中并不存在;$1^{\#}$、$2^{\#}$、$3^{\#}$和$4^{\#}$为河床电站的机组,$5^{\#}$为北干渠电站机组,$6^{\#}$为南干渠电站机组。

输水系统各部分参数及说明见表5.1-2。

表5.1-2 输水系统各部分参数及说明

管道部分						
管段编号	直径(m)	长度(m)	管段分段数目	计算断面数目	糙率	管段说明
(2)	16.35	33.060	6	7	0.012	$1^{\#}$机前进口段
(3)	12.60	39.620	7	8	0.012	$1^{\#}$机组尾水管
(4)	16.35	33.060	6	7	0.012	$2^{\#}$机前进口段
(5)	12.60	39.620	7	8	0.012	$2^{\#}$机组尾水管
(6)	16.35	33.060	6	7	0.012	$3^{\#}$机前进口段
(7)	12.60	39.620	7	8	0.012	$3^{\#}$机组尾水管
(8)	16.35	33.060	6	7	0.012	$4^{\#}$机前进口段
(9)	12.60	39.620	7	8	0.012	$4^{\#}$机组尾水管
(11)	7.00	19.8	4	5	0.012	$5^{\#}$机前进口段
(12)	5.00	32.24	6	7	0.012	$5^{\#}$机组尾水管
(14)	3.5	13.56	3	4	0.012	$6^{\#}$机前进口段
(15)	3.5	23.0	5	6	0.012	$6^{\#}$机组尾水管
明渠部分						
明渠编号	坡度	长度(m)	明渠分段数目	计算断面数目	糙率	明渠说明
(1′)	0.0005	3 000.0	201	202	0.012	只是在河段上取了一段
(2′)	0.0005	3 000.0	201	202	0.012	只是在河段上取了一段
(3′)	0.0003	780.0	53	54	0.012	只是在明渠上取了一段
(4′)	0.0001	400.0	27	28	0.012	只是在明渠上取了一段

5.1.3.2 调速器参数

经过试算和调整,确定计算中采用的调速器参数如下。

1)河床电站调速器参数

永态调差率:0.08 暂态调差率:0.87

微分时间常数:1.0 s 缓冲时间常数:18.0 s

接力器时间常数:1.0 s

2)北干渠电站调速器参数

永态调差率:0.08 暂态调差率:0.87

微分时间常数:0.6 s 缓冲时间常数:19.0 s

接力器时间常数:1.0 s

3)南干渠电站调速器参数

永态调差率:0.0 暂态调差率:0.8

微分时间常数:1.0 s 缓冲时间常数:10.0 s

接力器时间常数:1.5 s

5.1.3.3 电站和机组参数

（1）河床电站机组参数见表 5.1-3。

表 5.1-3 河床电站机组参数

上水库水位	正常蓄水位(m)	1 240.50
	死水位(m)	1 236.50
下游水位	校核洪水位(m)	1 236.80
	正常尾水位(m)	1 231.45
	最低尾水位(m)	1 229.10
设计水头(m)		8.7
最大水头(m)		11
最小水头(m)		5.9
水轮机设计流量(m³/s)		373.4
水轮机转轮直径 D_1(m)		6.85
水轮机额定转速 n_r(r/min)		75
水轮机额定出力 P_r(MW)		29
发电机转动惯量 GD^2(kg·m²)		4 400 000
导叶关闭规律		折线关闭

（2）北干渠电站机组参数见表 5.1-4。

表 5.1-4 北干渠电站机组参数

上水库水位	正常蓄水位(m)	1 240.50
	死水位(m)	1 236.50
下游水位	校核洪水位(m)	1 240.80
	最高尾水位(m)	1 233.16
	最低尾水位(m)	1 232.08
设计水头(m)		7.2
最大水头(m)		8.07
最小水头(m)		6.99
水轮机设计流量(m³/s)		50
水轮机转轮直径 D_1(m)		3.0
水轮机额定转速 n_r(r/min)		150
水轮机额定出力 P_r(MW)		3.1
发电机转动惯量 GD^2(kg·m²)		210 000(修改后)
导叶关闭规律		折线关闭

（3）南干渠电站机组参数见表5.1-5。

表5.1-5　南干渠电站机组参数

上水库水位	正常蓄水位（m）	1 240.50
	死水位（m）	1 236.50
	校核洪水位（m）	1 240.80
下游水位	最高尾水位（m）	1 234.02
	最低尾水位（m）	1 232.7
设计水头（m）		7.1
最大水头（m）		7.41
最小水头（m）		7.07
水轮机设计流量（m³/s）		23.0
水轮机转轮直径 D_1（m）		2.25
水轮机额定转速 n_r（r/min）		187.5
水轮机额定出力 P_r（MW）		1.328
发电机转动惯量 GD^2（kg·m²）		100 000
导叶关闭规律		折线关闭

5.1.3.4　转轮的特性曲线

对于给定的转轮特性曲线进行转化和补充得到各个电站机组转轮的全特性。

1）河床电站的转轮特性曲线

河床电站是轴流转桨式水轮机，其特性与定桨式水轮机和混流式水轮机不同，是按不同的桨叶角度给定，实际上有9个桨叶角度的18张特性曲线图，限于篇幅，以桨叶角度20°的特性为例，给出其特性图如图5.1-6、图5.1-7所示，此仅为其中一个桨叶开度下的转轮全特性曲线。

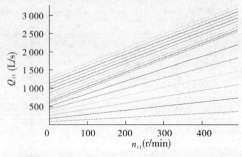

图5.1-6　河床机组桨叶开度为20°时转轮特性曲线（$Q_{11} \sim n_{11}$）

2）北干渠电站的转轮特性曲线

北干渠电站和河床电站一样，都是轴流转桨式水轮机，其特性也是按不同的桨叶角度

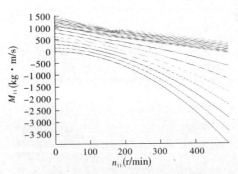

图 5.1-7　河床机组桨叶开度为 20° 时转轮特性曲线 ($M_{11} \sim n_{11}$)

给定,实际上有 8 个桨叶角度的 16 张特性曲线图,限于篇幅,以桨叶角度为 25° 的特性为例,给出其特性图如图 5.1-8、图 5.1-9 所示,此仅为其中一个桨叶开度下的转轮全特性曲线。

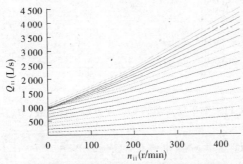

图 5.1-8　北干渠机组桨叶开度为 25° 时转轮特性曲线 ($Q_{11} \sim n_{11}$)

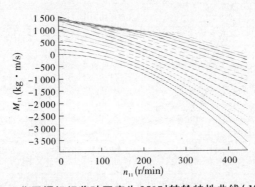

图 5.1-9　北干渠机组桨叶开度为 25° 时转轮特性曲线 ($M_{11} \sim n_{11}$)

3)南干渠电站的转轮特性曲线

由于南干渠电站的水轮机是轴伸定桨式轴流机,它的桨叶角度为 16.5°,通过转化和补充,得到其特性如图 5.1-10、图 5.1-11 所示。

5.1.3.5　导叶关闭规律

1)河床电站的导叶关闭规律

综合考虑水轮机的压力上升和转速上升,经过多种关闭规律的试算分析后确定,该电

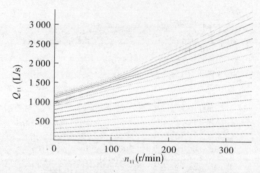

图 5.1-10　南干渠定桨转轮单位流量特性曲线（$Q_{11} \sim n_{11}$）

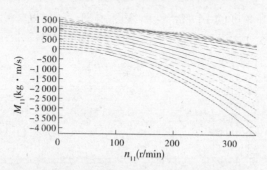

图 5.1-11　南干渠定桨转轮单位力矩特性曲线（$M_{11} \sim n_{11}$）

站机组导叶按折线关闭规律进行停机操作,具体如图 5.1-12 中折线 2 所示,图中直线 1
和折线 3 作为比较分析用的导叶关闭规律的例子给出。

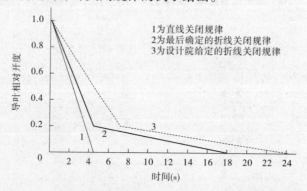

图 5.1-12　河床机组的导叶关闭规律（用导叶相对开度表示）

　2）北干渠电站的导叶关闭规律

　　综合考虑水轮机的压力上升和转速上升,经过多种关闭规律的试算分析后确定,该电
站机组导叶按折线关闭规律进行停机操作,具体如图 5.1-13 中折线所示。

　3）南干渠电站的导叶关闭规律

　　综合考虑水轮机的压力上升和转速上升,经过多种关闭规律的试算分析后确定,该电
站机组导叶按直线关闭规律进行停机操作,具体如图 5.1-14 中折线所示。

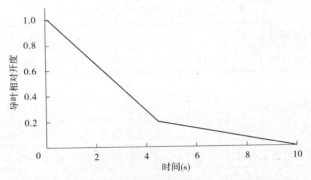

图 5.1-13　北干渠导叶关闭规律（用导叶相对开度表示）

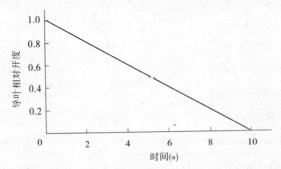

图 5.1-14　南干渠导叶关闭规律（用导叶相对开度表示）

5.1.3.6　计算工况

考虑到该部分计算是按照全枢纽系统结构进行的,其计算主要是对沙坡头全枢纽电站系统的总的过渡过程计算,对于河床机组部分的校核和优选我们已经在中间报告中给出,此处不再阐述,所以本书确定对以下工况进行计算。

TA－1:表示上游水位为 1 240.5 m,下游河床电站水位为 1 230.1 m、北干渠电站水位为 1 233.15 m,南干渠电站水位为 1 233.0 m,河床四台机组满负荷因事故全甩负荷,北干渠电站和南干渠电站的机组甩 10% 额定负荷所进行的水力干扰的计算工况;

TA－2:表示各个电站在 TA－1 工况的上、下游水位下,六台机组满负荷同时由于事故进行停机甩负荷的计算工况;

TA－3:表示各个电站在 TA－1 工况的上、下游水位下,六台机组满负荷同时进行甩额定负荷 10% 的小波动计算工况;

TA－4:表示各个电站在 TA－1 工况的上、下游水位下,六台机组满负荷同时进行带调速器全甩负荷计算的工况;

TA－5:表示各个电站在 TA－1 工况的上、下游水位下,河床两台机组满负荷同时进行全甩负荷、河床另外两台机组进行满负荷甩 10% 负荷、南干渠和北干渠机组甩全负荷的水力干扰计算的工况。

1)计算成果及分析

根据前述的资料和选定的参数对各种工况进行过渡过程计算,其中工况 TA－1、TA－2 和 TA－4 计算结果见表 5.1-6。

表 5.1-6　全枢纽过渡过程计算成果

工况编号		TA－1	TA－2	TA－4
上游水位(m)		1 240. 5	1 240. 5	1 240. 5
1#下游水位(m)		1 230. 1	1 230. 1	1 230. 1
5#下游水位(m)		1 233. 15	1 233. 15	1 233. 15
6#下游水位(m)		1 233. 0	1 233. 0	1 233. 0
机组初值	1#机水头(m)	8. 91	8. 91	8. 91
	1#机流量(m³/s)	353. 526	353. 87	353. 526
	1#机功率(MW)	2. 9	2. 9	2. 9
	5#机水头(m)	7. 245	7. 225	7. 225
	5#机流量(m³/s)	50. 8	53. 85	53. 85
	5#机功率(MW)	0. 31	0. 31	0. 31
	6#机水头(m)	7. 17	7. 17	7. 17
	6#机流量(m³/s)	22. 02	22. 02	22. 02
	6#机功率(MW)	0. 132 8	0. 132 8	0. 132 8
转轮进口	1#机初始压力(m)	18. 934	18. 925	18. 928
	1#机最大压力(m)	22. 024	22. 041	23. 853
	1#机最小压力(m)	15. 038	15. 045	18. 135
	5#机初始压力(m)	12. 201	12. 625	12. 631
	5#机最大压力(m)	13. 691	13. 943	17. 488
	5#机最小压力(m)	11. 516	10. 821	12. 129
	6#机初始压力(m)	7. 811	7. 925	7. 896
	6#机最大压力(m)	8. 674	8. 873	8. 730
	6#机最小压力(m)	7. 274	7. 387	7. 392
尾水管进口	1#机初始压力(m)	8. 588	8. 579	8. 559
	1#最大压力(m)	16. 175	16. 193	9. 596
	1#最小压力(m)	2. 815	2. 824	－ 1. 052
	5#机初始压力(m)	6. 381	5. 568	5. 543
	5#最大压力(m)	6. 847	9. 381	5. 812
	5#最小压力(m)	3. 481	1. 919	－ 8. 953
	6#机初始压力(m)	0. 710	0. 576	0. 572
	6#最大压力(m)	1. 019	1. 068	1. 022
	6#最小压力(m)	0. 319	－ 0. 586	－ 0. 020

工况编号		TA－1	TA－2	TA－4
机组转速	1#最大转速上升率(%)	44.25	44.25	67.45
	1#最大转速(r/min)	108.19	108.19	125.58
	5#最大转速上升率(%)	10	27.72	44.46
	5#最大转速(r/min)	165.00	191.58	216.68
	6#最大转速上升率(%)	4.3	23.46	55.44
	6#最大转速(r/min)	195.66	231.49	291.45
有压管道最大压力(m)		22.024	22.041	23.853
位置		(1,201)	(1,201)	(1,201)
有压管道最小压力(m)		0.319	－0.586	－8.953
位置		(15,1)	(15,1)	(12,1)
1#机最大轴向水推力(kN)		68.25	68.25	36.36
5#机最大轴向水推力(kN)		45.14	7.6	3.85
6#机最大轴向水推力(kN)		0.4	0.9	1.7

注:表中压力为管道中心线处压力,压力极值位置用所在管段及特征线计算断面编号表示,",",前数字为管段号,",",后数字为特征线计算断面编号,如"15,5"表示第15#管段,上游向下游方向数第5个计算断面。

工况 TA－1～TA－5 为按沙坡头水利枢纽全枢纽系统的计算工况,这些工况的计算结果的极值和对应的过渡过程曲线说明如下:

(1)工况 TA－1(水力干扰工况,即河床四台机组同时停机甩负荷,北干渠电站和南干渠电站进行甩 10% 额定负荷的小波动工况,由于此工况中因为北干渠电站和南干渠电站是电网运行工况,所以在考虑转动惯量时,考虑了电网的用电户的转动惯量,在机组转动惯量的基础上乘上了 1.2 的系数)。

①河床电站有压管道系统最大水锤压力(管道中心线处)为 22.024 m,发生处相应的初始压力为 18.934 m,压力上升为 3.09 m,压力上升率 35.52%(相对于额定水头 8.7 m),其转轮进口压力的过渡过程线见图 5.1-15、图 5.1-16。

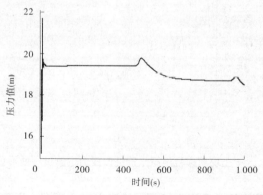

图 5.1-15　TA－1 工况河床机组的转轮进口压力过渡过程曲线

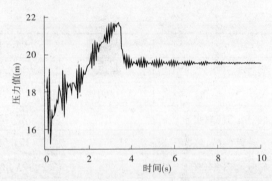

图 5.1-16　TA - 1 工况河床机组的转轮进口压力过渡过程曲线前面部分放大

　　北干渠电站有压管道系统最大水锤压力（管道中心线处）为 13.691 m，发生处相应的初始压力为 12.201 m，压力上升 1.49 m，压力上升率 20.7%（相对于额定水头 7.2 m）。

　　南干渠电站有压管道系统最大水锤压力（管道中心线处）为 8.674 m，发生处相应的初始压力为 7.811 m，压力上升 0.863 m，压力上升率 12.15%（相对于额定水头 7.1 m）。

　　②河床电站有压管道系统最小水锤压力（管道中心线处）为 2.815 m，发生在机组的尾水管进口处，其尾水管压力的过渡过程曲线见图 5.1-17、图 5.1-18。

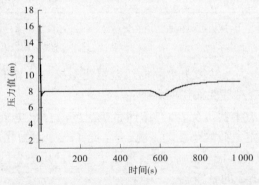

图 5.1-17　TA - 1 工况河床机组尾水管进口压力过渡过程曲线

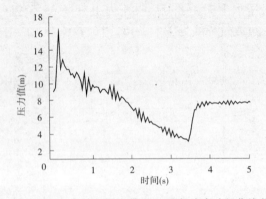

图 5.1-18　TA - 1 工况河床机组尾水管进口压力过渡过程曲线前面部分放大

　　北干渠电站有压管道系统最小水锤压力（管道中心线处）为 3.481 m，发生在机组的尾水管进口处。

南干渠电站有压管道系统最小水锤压力(管道中心线处)为 0.319 m,发生在机组的尾水管进口处。

③河床电站机组最大转速上升率为 44.25%,机组最大转速为 108.19 r/min,1#机组相对转速的过渡过程线见图 5.1-19。

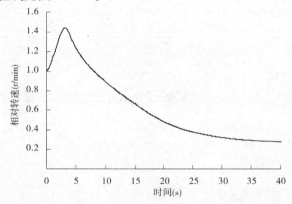

图 5.1-19 TA－1 工况河床机组相对转速过渡过程曲线

北干渠电站机组为甩 10% 额定负荷的小波动工况,其 5#机组相对转速的过渡过程线见图 5.1-20,通过图 5.1-20 可以知道在水力干扰下,北干渠机组能稳定下来。

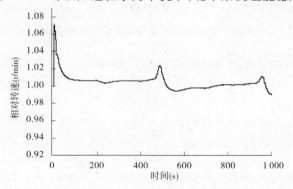

图 5.1-20 TA－1 工况北干渠机组相对转速过渡过程曲线

南干渠电站机组也为甩 10% 额定负荷的小波动工况,其 6#机组的相对转速的过渡过程曲线见图 5.1-21,通过图 5.1-21 可以知道在水力干扰下,南干渠机组也能稳定下来。

④河床电站机组的最大轴向水推力为 68.25 kN;北干渠电站机组和南干渠电站机组为小波动工况,北干渠电站机组在此工况下的最大轴向水推力为 45.14 kN,南干渠电站机组最大轴向水推力为 0.4 kN。

⑤坝前涌浪最高水位 1 241.299 m,涌高为 0.758 m,其水位波动图见图 5.1-22,坝前3 000 m 处涌浪最高水位为 1 241.105 m,涌高为 0.564 m,其水位波动见图 5.1-23;坝后水位波动如图 5.1-24 所示;坝后 3 000 m 处水位波动如图 5.1-25 所示。

(2)工况 TA－2(六台机组同时停机甩负荷工况)。

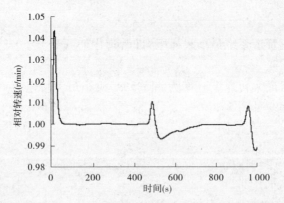

图 5.1-21 TA-1 工况南干渠机组相对转速过渡过程曲线

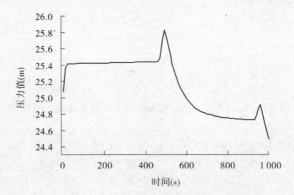

图 5.1-22 TA-1 工况河床坝前水位变化

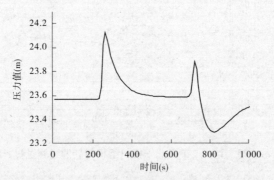

图 5.1-23 TA-1 工况河床坝前 3 000 m 处水位变化

①河床电站有压管道系统最大水锤压力(管道中心线处)为 22.041 m,发生处相应的初始压力为 18.925 m,压力上升为 3.116 m,压力上升率 35.82%(相对于额定水头 8.7 m)。

北干渠电站有压管道系统最大水锤压力(管道中心线处)为 13.943 m,发生处相应的初始压力为 12.625 m,压力上升为 1.318 m,压力上升率 18.31%(相对于额定水头 7.2 m)。

南干渠电站有压管道系统最大水锤压力(管道中心线处)为 8.873 m,发生处相应的初始压力为 7.925 m,压力上升为 0.948 m,压力上升率 13.35%(相对于额定水头 7.1 m)。

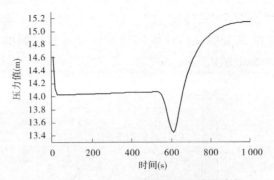

图 5.1-24　TA-1 工况河床坝后水位变化

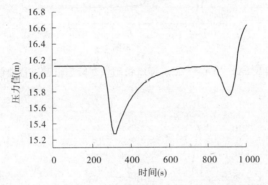

图 5.1-25　TA-1 工况河床坝后 3 000 m 处水位变化

②河床电站有压管道系统最小水锤压力(管道中心线处)为 2.824 m,发生在机组的尾水管进口处。

北干渠电站有压管道系统最小水锤压力(管道中心线处)为 1.919 m,发生在机组的尾水管进口处。

南干渠电站有压管道系统最小水锤压力(管道中心线处)为 -0.586 m,发生在机组的尾水管进口处。

③河床电站机组最大转速上升率为 44.25%,机组最大转速为 108.19 r/min。

北干渠电站机组最大转速上升率为 27.72%,机组最大转速为 191.58 r/min。

南干渠电站机组最大转速上升率为 23.46%,机组最大转速为 231.49 r/min。

④河床电站机组的最大轴向水推力为 68.25 kN,北干渠电站机组的最大轴向水推力为 7.6 kN,南干渠电站机组的最大轴向水推力为 0.9 kN。

⑤坝前涌浪最高水位为 1 241.351 m,涌高为 0.81 m;坝前 3 000 m 处涌浪最高水位为 1 241.132 m,涌高为 0.591 m。

(3)工况 TA-3(六台机组同时在额定负荷下甩 10% 额定工况的小波动计算,此工况因为是电网运行工况,所以在考虑转动惯量时,考虑了电网的用电户的转动惯量,在所有机组转动惯量的基础上乘上了 1.2 系数)。

河床电站的四台机组小波动计算的相对转速过渡过程曲线见图 5.1-26,通过图 5.1-26 可以知道河床电站机组的小波动计算是稳定的;北干渠电站机组小波动计算的相对转速过渡过程曲线见图5.1-27,通过图5.1-27可以知道北干渠电站机组的小波动计算是稳定的;南干渠电站机组小波动计算的相对转速过渡过程曲线见图5.1-28,通过图5.1-28可以知道南干渠电站机组的小波动计算是稳定的。

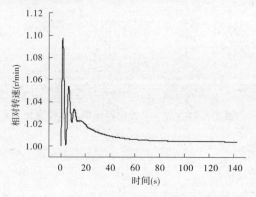

图5.1-26　TA-3工况河床机组相对转速过渡过程曲线

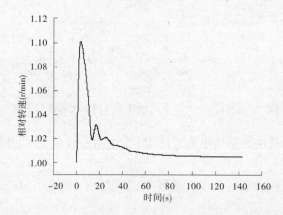

图5.1-27　TA-3工况北干渠机组相对转速过渡过程曲线

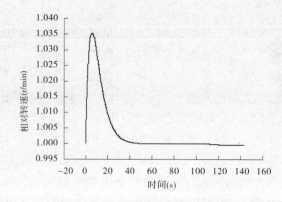

图5.1-28　TA-3工况南干渠机组相对转速过渡过程曲线

(4)工况TA-4(六台机组同时在额定负荷下带调速器全甩负荷的大波动计算)。

①河床电站有压管道系统最大水锤压力(管道中心线处)为23.853 m,发生处相应的

初始压力为 18.928 m,压力上升为 4.925 m,压力上升率 56.61%(相对于额定水头 8.7 m)。

北干渠电站有压管道系统最大水锤压力(管道中心线处)为 17.488 m,发生处相应的初始压力为 12.631 m,压力上升为 4.857 m,压力上升率 67.46%(相对于额定水头 7.2 m)。

南干渠电站有压管道系统最大水锤压力(管道中心线处)为 8.730 m,发生处相应的初始压力为 7.896 m,压力上升为 0.834 m,压力上升率 11.75%(相对于额定水头 7.1 m)。

②河床电站有压管道系统最小水锤压力(管道中心线处)为 −1.052 m,发生在机组的尾水管进口处。

北干渠电站有压管道系统最小水锤压力(管道中心线处)为 −8.953 m,发生在机组的尾水管进口处。

南干渠电站有压管道系统最小水锤压力(管道中心线处)为 −0.02 m,发生在机组的尾水管进口处。

③河床电站机组最大转速上升率为 67.45%,机组最大转速为 125.58 r/min。

北干渠电站机组最大转速上升率为 44.46%,机组最大转速为 216.68 r/min。

南干渠电站机组最大转速上升率为 55.44%,机组最大转速为 291.45 r/min。

④河床电站机组的最大轴向水推力为 36.36 kN,北干渠电站机组的最大轴向水推力为 3.85 kN,南干渠电站机组的最大轴向水推力为 1.7 kN。

⑤坝前涌浪最高水位 1 241.262 m,涌高为 0.72 m;坝前 3 000 m 处涌浪最高水位为 1 241.06 m,涌高为 0.519 m。

(5)TA−5 工况(水力干扰工况,河床两台机组满负荷紧急停机、两台机组正常运行、南干渠和北干渠机组紧急停机)。

河床电站的两台机组小波动计算的相对转速过渡过程曲线见图 5.1-29(前面相对转速放大部分见图 5.1-30),通过图中曲线可以知道河床电站机组的小波动计算是稳定的。

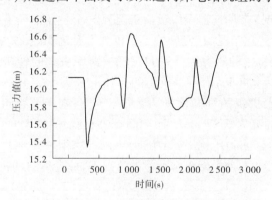

图 5.1-29 TA−4 工况河床坝后 3 000 m 水位变化

2)机组的导叶关闭规律的选择分析

通过和河床电站相似的计算与分析,得出了北干渠和南干渠电站水轮机的导叶关闭规律。

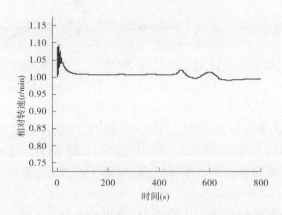

图 5.1-30　TA-5 工况河床运行机组的相对转速过渡过程曲线

5.1.4　结论

（1）在 TA-1 工况（水力干扰工况）中，河床电站的四个机组进行满负荷停机甩大波动，北干渠和南干渠电站的两台机组进行甩 10% 额定负荷小波动工况运行，从计算结果中看出，北干渠和南干渠电站的两台机组在水力干扰的情况下，最后能稳定下来。

（2）在 TA-2 工况（大波动工况）中，全枢纽的所有六台机组同时停机甩负荷，此工况中，河床机组的压力上升为 35.82%，北干渠机组的压力上升为 18.31%，南干渠机组的压力上升为 13.35%；河床机组的转速上升为 44.25%，北干渠机组的转速上升为 27.72%，南干渠机组的转速上升为 23.46%；河床机组的轴向水推力为 68.25 kN，北干渠机组的轴向水推力为 7.6 kN，南干渠机组的轴向水推力为 0.9 kN；坝前涌浪的最大涌高为 0.81 m，坝前 3 000 m 处涌浪的最大涌高为 0.591 m。

（3）在 TA-3 工况（小波动工况）中，全枢纽的所有六台机组同时在额定工况下甩 10% 负荷的小波动工况，通过曲线可以知道，全枢纽的小波动计算工况是稳定的。

（4）在 TA-4 工况（带调速器全甩负荷工况）中，全枢纽的所有六台机组在额定负荷下，带调速器全甩负荷，此工况中，河床机组的压力上升为 56.61%，北干渠机组的压力上升为 67.46%，南干渠机组的压力上升为 11.75%；河床机组的转速上升为 67.45%，北干渠机组的转速上升为 44.46%，南干渠机组的转速上升为 55.44%；河床机组的轴向水推力为 36.36 kN，北干渠机组的轴向水推力为 3.85 kN，南干渠机组的轴向水推力为 1.7 kN；坝前涌浪的最大涌高为 0.72 m，坝前 3 000 m 处涌浪的最大涌高为 0.519 m。

（5）在 TA-5 工况（水力干扰工况）中，河床两台机组和南干北干两台机组同时紧急停机全甩负荷，河床另外两台机组正常运行的工况下，两台运行的机组在水力干扰的情况下能稳定下来。

（6）比较工况 TA-2 和 TA-4 可以知道，工况 TA-4 比工况 TA-2 的压力上升和转速上升都大，但是对于转桨机组来说，轴向水推力工况 TA-2 比工况 TA-4 大。

5.2　引水径流式水电站过渡过程技术研究

本节针对刚果(金)ZONGO Ⅱ水电站过渡过程计算进行分析研究。

5.2.1　概述

ZONGO Ⅱ电站为低坝引水径流式电站,取水口位于已建 ZONGO Ⅰ水电站下游,距河口约5 km,电站位于刚果河左岸滩地距上游印基西河河口约1.6 km。主要建筑物包括滚水坝、冲沙闸、取水口、引水隧洞、调压井、压力钢管、厂房及尾水。取水口布置于坝前左侧,引水隧洞全长约2 545 m,洞径为7.0~9.34 m,调压井高约69 m,竖井直径为18 m,上室直径为32 m;压力钢管主管长约355.788 m,直径6.6 m,三根支管总长约195 m,直径6.6~4 m。

本工程水电站装机容量150 MW,安装3台50 MW混流式水轮发电机组。机组引用流量为160.5 m³/s。电站最大净水头为114.6 m,三台机组满发时电站最小净水头为104.9 m,电站加权平均净水头为106.5 m,电站年发电量约为8.619亿 kWh,年利用小时数约为5 746 h。电站投入系统后将位于基荷运行。

厂房位于刚果河左岸,电站对外输电电压为220 kV、70 kV两个电压等级,半地面式厂房。水电站引水系统布置见图5.2-1。

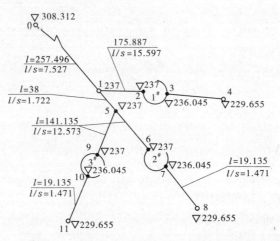

图 5.2-1　ZONGO Ⅱ水电站引水系统布置图

5.2.2　基本资料

5.2.2.1　水位

1)上下游特征水位

上游最高水位 359.00 m

上游正常蓄水位 356.00 m

上游校核洪水位 358.59 m

上游设计洪水位 357.76 m

下游校核洪水位 254.77 m

下游设计洪水位 252.55 m

下游刚果河三年一遇洪水位 243.32 m

三台机正常满发尾水位 242.70 m

1/2 台机组正常发电尾水位 240.96 m

单台机正常发电尾水位 241.41 m

2）电站特征水头

电站加权平均净水头 106.4 m

正常发电最大净水头 114.6 m

正常发电最小净水头 104.9 m

刚果河三年一遇洪水位时最小净水头 104.2 m

5.2.2.2　主要机电设备

1）水轮机

水轮机型号：HL168 - LJ - 285

水轮机直径 D_1：2.85 m

额定转速 n_r：250 r/min

额定水头 H_r：105 m

额定流量 Q_r：53.5 m^3/s

额定出力 N_r：51.28 MW

额定工况点效率 η：≥93.0%

吸出高度 H_s：-1.67 m

额定点比转速 n_s：168.4 m·kW

额定点比速系数 K：1 725.9

飞逸转速：432 r/min

机组安装高程：237.00 m

2）发电机

发电机型号：SF50 - 24/6080

额定转速：250 r/min

额定出力：50 MW

额定效率：≥97.5%

发电机功率因数 $\cos\varphi$：0.85（暂定）

机端电压：10.5 kV

飞逸转速：432 r/min

机组转动惯量 GD^2：2 400 t·m^2（统计资料）

5.2.2.3　机组特性曲线

本书选用的特性曲线为 JF2062 模型转轮的特性曲线，其原始曲线见图 1.1-1 及图 5.2-2，经过数值转换后，得到流量特性曲线（见图 5.2-3）和力矩特性曲线（见图 5.2-4）。

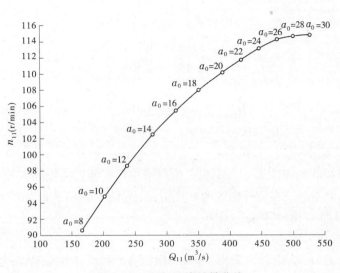

图 5.2-2　机组飞逸特性曲线

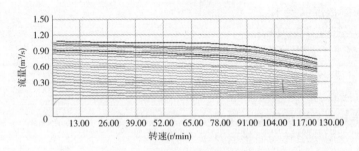

图 5.2-3　模型机组流量特性曲线

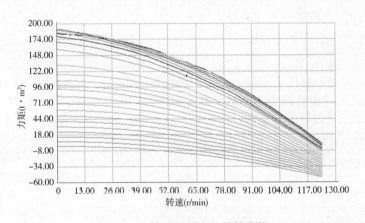

图 5.2-4　模型机组力矩特性曲线

由于模型综合特性曲线仅仅包括正常运行范围内的试验结果,在数值计算时需要根据综合特性曲线,并结合飞逸特性曲线,通过插值和延拓,转换为数值计算需要的流量特性曲线和力矩特性曲线。

根据水轮机的基本参数,可以得到水轮机的工作范围:

$$Q'_{1\max} = \frac{Q_r}{D_1^2 \sqrt{H_r}} = \frac{53.5}{2.85^2 \times \sqrt{105}} = 0.643(\text{m}^3/\text{s})$$

$$n'_{1\max} = \frac{nD_1}{\sqrt{H_{\min}}} = \frac{250 \times 2.85}{\sqrt{104.2}} = 69.8(\text{r/min})$$

$$n'_{1\min} = \frac{nD_1}{\sqrt{H_{\max}}} = \frac{250 \times 2.85}{\sqrt{114.6}} = 66.56(\text{r/min})$$

通过查综合特性曲线图 1.1-1,说明工作范围包括了特性曲线的高效率区,JF2062 机型是比较适合本电站的。在特性曲线的处理中,以模型开度 20 mm 为 100% 开度,水轮机的额定开度为 19 mm,相对开度为 95%。

5.2.2.4 调压室

调压室直径为 18 m,面积为 254.469 m²;阻抗孔直径为 4.0 m,面积为 12.566 m²。

调压室上室直径 32 m,面积 804.248 m²。底板高程 304.00 m,顶部高程 378.00 m。

5.2.2.5 调保参数控制要求

蜗壳最大承压值:150.0 m;

机组转速最大上升率:50%;

尾水管真空度:8.0 m。

5.2.2.6 研究内容

(1)推荐水轮机导叶最优关闭规律。

(2)对水轮发电机组转动惯量(GD^2)的合理要求。

(3)提出大波动引水系统压力分布、水轮机蜗壳进水口压力上升值、尾水管真空度及水轮发电机组转速升高值等调节保证计算结果,包括引水系统压力分布(最大、最小)包络线、变化过程线、水轮机蜗壳进口压力变化(最大、最小)过程线、尾水管最大、最小真空度,水轮机转速升高值及变化过程线、流量变化过程线,以及工程应考虑并可采用的水击防护措施。

(4)小波动暂态分析成果,提出小波动状态下对水轮机调速系统调节参数的设置要求。根据计算结果确定机组小波动暂态过程中机组可带负荷稳定运行的区域。

(5)调压井的不同型式及参数对机组稳定运行的影响,推荐调压井型式。

(6)调压井位置选择优化,推荐调压井位置。

(7)液控蝶阀直径 DN3800 mm,要进行与阀门联动的大波动计算。

5.2.3 数学模型

5.2.3.1 上游调压室稳定断面面积计算理论

上游调压室的临界稳定断面面积按下述公式计算:

$$F_{th} = \frac{Lf}{2g\left(\alpha + \dfrac{1}{2g}\right)(H_{\min} - h_{w0} - 3h_m)} \tag{5.2-1}$$

式中:L 为有压引水隧洞的长度,m;f 为平均断面面积,m²;g 为重力加速度,m/s²;α 为压力引水道的全部水头损失系数($\alpha = h_w / v_w^2$，包括局部水头损失与沿程水头损失，s^2/m)，包括该洞的进口损失和出口损失，简单式调压室不考虑 $1/(2g)$；H_{min} 为发电最小净水头；h_{w0} 为调压室上游侧引水隧洞的总水头损失(包括局部水头损失与沿程水头损失)，m；h_m 为调压室下游侧管道的总水头损失(包括局部水头损失与沿程水头损失)，m。

5.2.3.2 特征线法

有压管道非恒定流基本方程为：

连续方程

$$vH_x + H_t + \frac{a^2}{g}v_x + \frac{a^2}{g}\frac{A_x}{A}v - \sin\theta \cdot v = 0 \qquad (5.2\text{-}2)$$

动量方程

$$gH_x + vv_x + v_t + \frac{S}{8A}fv|v| = 0 \qquad (5.2\text{-}3)$$

式中：H 为以某一水平面为基准的测压管水头；v 为管道断面的平均流速；A 为管道断面面积；A_x 为管道断面面积随 x 轴的变化率，若 $A_x = 0$，则式(5.2-2)即简化为棱柱体管道中的水流连续性方程；θ 为管道各断面形心的连线与水平面所成的夹角；S 为湿周；f 为 Darcy - Weisbach 摩阻系数；a 为水击波传播速度。

本书数值计算采用当量管计算方法，因此式(5.2-2)中 $A_x = 0$。

方程(5.2-2)和方程(5.2-3)是一组拟线性双曲型偏微分方程，可采用特征线法将其转化为两个在特征线上的常微分方程：

$$C^+: \begin{cases} \dfrac{dH}{dt} + \dfrac{a}{g}\dfrac{dv}{dt} + \dfrac{a^2}{g}\dfrac{A_x}{A}v - v\sin\theta + \dfrac{aS}{8gA}fv|v| = 0 \\ \dfrac{dx}{dt} = v + a \end{cases} \qquad (5.2\text{-}4)$$

$$C^-: \begin{cases} \dfrac{dH}{dt} - \dfrac{a}{g}\dfrac{dv}{dt} + \dfrac{a^2}{g}\dfrac{A_x}{A}v - v\sin\theta - \dfrac{aS}{8gA}fv|v| = 0 \\ \dfrac{dx}{dt} = v - a \end{cases} \qquad (5.2\text{-}5)$$

上述方程沿特征线 C^+ 和 C^- 积分，其中摩阻损失项采取二阶精度数值积分，并用流量代替断面流速，经整理得：

$$C^+: Q_P = QCP - CQP \cdot H_P \qquad (5.2\text{-}6)$$

$$C^-: Q_P = QCM + CQM \cdot H_P \qquad (5.2\text{-}7)$$

式(5.2-6)和式(5.2-7)为二元一次方程组，十分便于求解管道内点的 Q_P 和 H_P。计算中时间步长和空间步长的选取，需满足库朗稳定条件 $\Delta t \leqslant \dfrac{\Delta x}{|v + a|}$，否则计算结果不能收敛。

5.2.3.3 混流式水轮机边界条件

在甩负荷过渡过程计算中，机组边界共有 9 个未知数，分别为：转轮进口侧测压管水头 H_P、流量 Q_P，转轮出口侧测压管水头 H_s、Q_s，单位转速 n_1'，单位流量 Q_1'，单位力矩 M_1'，水轮机力矩 M_t，转速 n。对应该 9 个变量的机组边界方程如下：

$$Q_P = Q_s \tag{5.2-8}$$

$$Q_P = Q_1' D_1^2 \sqrt{(H_P - H_s) + \Delta H} \tag{5.2-9}$$

$$Q_P = QCP - CQP \cdot H_P \tag{5.2-10}$$

$$Q_s = QCM + CQM \cdot H_s \tag{5.2-11}$$

$$n_1' = \frac{nD_1}{\sqrt{(H_P - H_s) + \Delta H}} \tag{5.2-12}$$

$$Q_1' = A_1 + A_2 \cdot n_1' \tag{5.2-13}$$

$$M_1' = B_1 + B_2 \cdot n_1' \tag{5.2-14}$$

$$M_t = M_1' D_1^3 (H_P - H_s + \Delta H) \tag{5.2-15}$$

$$n = n_0 + 0.187\,5(M_t + M_{t0}) \frac{\Delta t}{GD^2} \tag{5.2-16}$$

$$\Delta H = \left(\frac{\alpha_P}{2gA_P^2} - \frac{\alpha_s}{2gA_s^2}\right) Q_P^2 \tag{5.2-17}$$

5.2.3.4 阻抗式调压室边界条件

调压室底部进水侧特征线方程 C_1^+、C_2^+ 和出水侧特征线方程 C_3^-：

$$C_1^+ : Q_{P1} = QCP_1 - CQP_1 \cdot H_{P1} \tag{5.2-18}$$

$$C_2^+ : Q_{P2} = QCP_2 - CQP_2 \cdot H_{P2} \tag{5.2-19}$$

$$C_3^- : Q_{P3} = QCM_3 + CQM_3 \cdot H_{P3} \tag{5.2-20}$$

调压室流量连续方程：

$$Q_{P1} + Q_{P2} = Q_{PT} + Q_{P3} \tag{5.2-21}$$

式中，Q_{PT} 为流进调压室的流量。

调压室底部衔接的能量方程：

$$H_{P1} + \frac{Q_{P1}^2}{2gA_{P1}^2} - \frac{\zeta_1}{2gA_{P1}^2} Q_{P1} |Q_{P1}| = E \tag{5.2-22}$$

$$H_{P2} + \frac{Q_{P2}^2}{2gA_{P2}^2} - \frac{\zeta_2}{2gA_{P2}^2} Q_{P2} |Q_{P2}| = E \tag{5.2-23}$$

$$H_{P3} + \frac{Q_{P3}^2}{2gA_{P3}^2} + \frac{\zeta_3}{2gA_{P3}^2} Q_{P3} |Q_{P3}| = E \tag{5.2-24}$$

$$H_{PT} + \frac{Q_{PT}^2}{2gA_d^2} = E \tag{5.2-25}$$

式中，H_{PT}、E、A_d 分别为调压室底部的测压管水头、能量水头和过流面积；ζ_1、ζ_2、ζ_3 为管道的局部损失系数。

调压室水位变化方程：

$$Z_{PT} = H_{PT} + ZZ2 - \zeta_T \cdot Q_{PT} |Q_{PT}| \tag{5.2-26}$$

$$Z_{PT} = Z_T + \Delta t \frac{Q_{PT} + Q_T}{A_{PT} + A_T} \tag{5.2-27}$$

式中，Z_{PT}、Z_T 分别为调压室现时段和前一时段的水位；A_{PT}、A_T 分别为与 Z_{PT}、Z_T 相对应的调压室横截面的面积；Q_{PT}、Q_T 分别为现时段和前一时段流进调压室的流量；ζ_T 为调压室孔口的阻抗系数；$ZZ2$ 为基准面的高程。

5.2.3.5 岔管边界条件

一进两出岔管进水侧特征线方程 C_1^+ 和出水侧特征线方程 C_2^-、C_3^-：

$$C_1^+ : Q_{P1} = QCP_1 - CQP_1 \cdot H_{P1} \tag{5.2-28}$$

$$C_2^- : Q_{P2} = QCM_2 + CQM_2 \cdot H_{P2} \tag{5.2-29}$$

$$C_3^- : Q_{P3} = QCM_3 + CQM_3 \cdot H_{P3} \tag{5.2-30}$$

岔管流量连续方程：

$$Q_{P1} - Q_{P2} - Q_{P3} = 0 \tag{5.2-31}$$

岔管衔接的能量方程：

$$H_{P1} + \frac{Q_{P1}^2}{2gA_{P1}^2} - \frac{\zeta_{1-2}}{2gA_{P1}^2}Q_{P1}\mid Q_{P1}\mid = H_{P2} + \frac{Q_{P2}^2}{2gA_{P2}^2} \tag{5.2-32}$$

$$H_{P1} + \frac{Q_{P1}^2}{2gA_{P1}^2} - \frac{\zeta_{1-3}}{2gA_{P1}^2}Q_{P1}\mid Q_{P1}\mid = H_{P3} + \frac{Q_{P3}^2}{2gA_{P3}^2} \tag{5.2-33}$$

式中，Q_{Pi}、H_{Pi} 分别为各连接管道的流量和水头；ζ_{1-2}、ζ_{1-3} 为岔管的局部损失系数。

5.2.3.6 调速器方程

小波动过渡过程计算依据水轮发电机组边界条件中调速器采用频率调节的计算理论，直接求解负荷阶跃（±10%额定负荷）条件下，各种变量随时间的变化过程。

在机组甩负荷过渡过程计算理论和计算方法的基础上，加入调速器方程。考虑测频微分环节（加速度回路）的辅助接力器型调速器方框图如图 5.2-5 所示，其调速器方程如下：

$$\left(T_n' \frac{dy}{dt} + 1\right)\left[T_y T_d \frac{d^2 y}{dt^2} + (T_y + b_t T_d + b_P T_d)\frac{dy}{dt} + b_P y\right] = -\left(T_n \frac{d\beta}{dt} + 1\right)\left(T_d \frac{d\beta}{dt} + 1\right)$$
$$\tag{5.2-34}$$

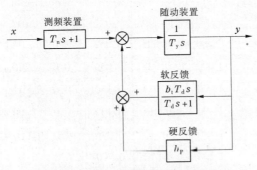

图 5.2-5 辅助接力器型调速器方框图

式中：y 为接力器相对行程；β 为机组相对转速；b_t、b_P 分别为暂态转差系数和永态转差系数；T_n'、T_n、T_y、T_d 分别为微分回路时间常数、测频微分时间常数、接力器反应时间常数和缓冲时间常数，并且水轮发电机组的运动方程（5.2-16）改写为：

$$n = \left[n_0 + 0.187\,5(M_t + M_{t0} - M_g - M_{g0} + 2e_g M_r)\frac{\Delta t}{GD^2}\right] \bigg/ \left(1 + e_g \frac{\Delta t}{T_a}\right) \tag{5.2-35}$$

式中,T_a 是机组加速时间常数;e_g 电网负荷自调节系数;下标 t、g 分别表示水轮机和发电机,下标 0 表示上一计算时段的已知值,下标 r 表示额定值;M_g 随时间的变化而给定。

只有在分组供水布置下,即多台机组共岔管或调压室,才存在水力干扰的问题。对于甩负荷机组可按甩负荷大波动过渡过程计算,对于正常运行机组则采用小波动计算理论,因此不需要增加新的方程和算法。

5.2.4 基本参数及恒定流计算

5.2.4.1 计算简图及管道参数

根据 ZONGO Ⅱ水电站枢纽布置设计图,对整个引水发电系统进行过渡过程数值计算与分析。管道主要是根据衬砌型式的不同而划分为不同的管道,其计算简图如图 5.2-6 所示。

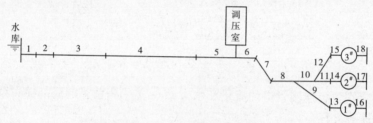

图 5.2-6 管道参数计算简图

在管道参数的计算中,所有的管道均根据复杂管道的水击计算理论转化为当量管道,管道波速主要根据工程经验选择确定,对过渡过程计算结果影响不大。具体的管道参数见表 5.2-1。

表 5.2-1 对应计算简图的管道参数

管号	长度 L (m)	直径 (m)	波速 (m/s)	水头损失系数 糙率	水头损失系数 局部	水头损失系数 岔管	说明
1	40.500	13.009	900	0.014	1.397	0.0	进水口至渐变段
2	110	7.053	1 000	0.014	0.078	0.0	H0+010.000 ~ H0+100.000
3	722.927	9.266	1 000	0.028	0.052	0.0	H0+100.000 ~ H0+843.564
4	1 681.479	9.120	1 000	0.028	0.050	0.0	H0+843.564 ~ H2+400.000
5	220.016	6.600	1 000	0.014	0.150	0.0	H2+400.000 ~ H2+544.894
6	39.047	6.600	1 100	0.014	0.100	0.0	P0+000.000 ~ P0+043.502
7	96.745	6.600	1 100	0.012	0.094	0.0	P0+043.502 ~ P0+108.387
8	49.076	6.600	1 200	0.012	0.700	0.0	P0+108.387 ~ P0+346.300
9	28.774	4.000	1 200	0.012	0.100	0.7	1#机组支管
10	19.044	5.300	1 200	0.012	0.050	0.3	2#、3#机组分岔主管
11	18.11	4.000	1 200	0.012	0.050	0.3	2#机组支管
12	23.006	4.000	1 200	0.012	0.100	0.7	3#机组支管
13	20.947	4.000	1 250	0.001	0.0	0.0	水轮机蜗壳

管号	长度 L (m)	直径 (m)	波速 (m/s)	水头损失系数			说明
				糙率	局部	岔管	
14	20.947	4.000	1 250	0.001	0.0	0.0	水轮机蜗壳
15	20.947	4.000	1 250	0.001	0.0	0.0	水轮机蜗壳
16	17.602	3.903	1 000	0.001	0.1	0.0	尾水管
17	17.602	3.903	1 000	0.001	0.1	0.0	尾水管
18	17.602	3.903	1 000	0.001	0.1	0.0	尾水管

5.2.4.2 恒定流计算

在进行过渡过程计算之前,进行恒定流计算,包括引水发电系统水头损失、机组工作范围和工作点等。

1)水头损失计算

引水发电系统的水头损失包括沿程水头损失和局部水头损失,沿程水头损失就是管道糙率的选择,根据本工程实际和相关规范,管道的糙率选择见表 5.2-2。局部水头损失就是根据相关规范,确定进水口、闸门槽、渐变段、岔管、出水口等处的局部水头损失系数。

表 5.2-2 管道糙率系数

	最小糙率	平均糙率	最大糙率
喷锚支护	0.022	0.028	0.032
钢筋混凝土衬砌	0.012	0.014	0.016
压力钢管	0.011	0.012	0.013

沿程水头损失 $h_y = \alpha_y Q^2 = \dfrac{n^2 L}{R^{4/3} A^2} Q^2$,$A$、$Q$、$n$、$L$、$R$ 分别为管道断面面积、流量、管道糙率、长度、水力半径,均采用国际单位制,下同。

局部水头损失 $h_f = \alpha_j Q^2 = \dfrac{\zeta}{2g A^2} Q^2$,$\zeta$ 为依据规范查得的局部损失系数。

总水头损失 $h = h_j + h_y$,管道中的流量为设计最大流量,所有参数的选择见表 5.2-1。

2)两个参数的计算

管道水流加速时间:

$$T_w = \sum L_i v_i / (g H_0)$$

机组加速时间:

$$T_a = GD^2 \cdot n_0 / (375 M_0) = GD^2 \cdot n_0^2 / (365 P_0)$$

式中:L_i 为管线上各管道长度,m;v_i 为引水管道中的最大流速,m/s;g 为重力加速度,取 9.81 m/s^2;H_0 为电站额定水头,$H_0 = 105$ m;GD^2 为机组飞轮力矩,$GD^2 = 2400$ t·m^2;n_0 为机组额定转速,$n_0 = 250$ r/min;M_0 为机组额定力矩;P_0 为机组额定出力。计算结果见

表 5.2-3(单条管线计算结果)。

表 5.2-3 T_w 和 T_a 参数计算结果

管道长度(m):上游至调压室/调压室至机组	总水头损失(m):上游至调压室/调压室至机组	T_w(s):隧洞/压力管道	T_a(s)	T_w/T_a
2 554.906	4.263	6.168	11.836	0.159
433.658	1.928	1.885		

5.2.4.3 调压室稳定断面校核

阻抗式调压室稳定断面面积按如下公式计算(参见调压室规范或式(5.2-1))。

$$F_{th} = \frac{Lf}{2g(\alpha + 1/2g)(H_0 - h_{w0} - 3h_{wm})}$$

式中各参数和计算结果见表 5.2-4。

表 5.2-4 阻抗式调压室托马断面计算

参数	L(m)	f(m²)	α(s²/m)	H_0(m)	h_{w0}(m)	h_{wm}(m)	F_{th}(m²)
数值	2 554.906	65.858	0.426	104.2	4.263	1.928	191.135

计算中引水隧洞取最小糙率,压力管道取最大糙率,得到上游调压室的托马稳定断面 $F_{th} = 191.135 \text{ m}^2$。而调压室设计净面积为 $F = 254.469 \text{ m}^2$,大于临界托马稳定断面面积(系数约为 1.05 倍),另外 $T_w/T_a = 0.159 < 0.3$,说明该系统是稳定的,并且具有较好的调节品质,下面通过数值计算进行验证分析。

5.2.5 大波动过渡过程计算

5.2.5.1 计算工况

工况 D_1:上游正常蓄水位为 356.00 m,三台机组在额定水头额定出力运行时同时甩全负荷。

工况 D_2:上游最高洪水位为 359.00 m,三台机组在最大水头额定出力运行时同时甩全负荷。

工况 D_3:上游正常蓄水位为 356.00 m,两台机组正常运行时,第三台机组启动并突增全负荷,在流入调压室流量最大时三台机组同时甩全负荷。

工况 D_4:上游正常蓄水位为 356.00 m,三台机组同时甩全负荷,在流出调压室流量最大时一台机组增负荷。

工况 D_5:上游校核洪水位为 358.59 m,下游校核洪水位 254.77 m,三台机组满负荷运行时同时突甩全负荷。

工况 D_6:上游正常蓄水位为 356.00 m,机组在额定水头事故甩 75% 额定负荷。

工况 D_7:上游正常蓄水位为 356.00 m,机组在额定水头事故甩 50% 额定负荷。

工况 D_8:上游正常蓄水位为 356.00 m,机组在额定水头事故甩 25% 额定负荷。

大波动工况初始条件见表 5.2-5。

表 5.2-5　大波动工况初始条件

工况	上游水位（m）	下游水位（m）	机组	开度（%）	净水头（m）	流量（m³/s）	出力（MW）
D₁	356.00	243.8	1#	0.95	104.600 9	53.685 8	51.13
			2#	0.95	105.138 6	53.843	51.54
			3#	0.95	105.079 4	53.825 7	51.49
D₂	359.00	238.5	1#	0.8	114.270 4	48.647	51.02
			2#	0.8	114.711 4	48.762 1	51.33
			3#	0.8	114.663	48.749 5	51.3
D₃	356.00	247.5	1#	0.1	105.165 6	4.821 6	0
			2#	0.95	105.113 7	53.835 7	51.52
			3#	0.95	104.962 3	53.791 5	51.4
D₄	356.00	247.5	1#	0.95	101.184	52.677 3	48.56
			2#	0.95	101.701 6	52.831 2	48.95
			3#	0.95	101.644 6	52.814 3	48.91
D₅	358.59	254.77	1#	0.95	96.861	51.376 7	45.34
			2#	0.95	97.353 3	51.526 3	45.71
			3#	0.95	97.299 2	51.509 8	45.67
D₆	356.00	246.8	1#	0.72	104.791 1	40.953 6	38.65
			2#	0.72	105.103 3	41.031	38.85
			3#	0.72	105.069	41.022 5	38.83
D₇	356.00	248.8	1#	0.52	104.991 6	29.236 3	25.66
			2#	0.52	105.148 1	29.265 6	25.73
			3#	0.52	105.131	29.262 4	25.72
D₈	356.00	250.2	1#	0.35	104.965 9	18.285 6	12.78
			2#	0.35	105.025 1	18.291 8	12.8
			3#	0.35	105.018 6	18.291 1	12.79

5.2.5.2　导叶关闭规律的选择

以工况 D_1 作为依托工况,对机组的导叶关闭规律进行分析,选择合适的导叶关闭规律。首先选择直线关闭规律,导叶有效关闭时间指的是导叶从 100% 开度匀速关闭到 0 所需要的时间。

根据厂家提供的导叶关闭规律,其一为直线关闭规律,其二为折线关闭规律。两种关闭方式见表 5.2-6 和表 5.2-7。

表 5.2-6　导叶直线关闭规律

不动时间 T_0(s)	第一段关闭时间 T_1 (s)	第二段关闭时间 T_2 (s)	第一分段开度 Y12	第二分段开度 Y23
0.200	12.000	0.000	0.000	0.000

表 5.2-7　导叶折线关闭规律

不动时间 T_0(s)	第一段关闭时间 T_1 (s)	第二段关闭时间 T_2 (s)	第一分段开度 Y12	第二分段开度 Y23
0.200	7.000	12.000	0.700	0.000

这里先给出导叶折线关闭规律下的调保参数,见表 5.2-8,该规律下的调压室涌浪的计算结果见表 5.2-9,导叶直线关闭规律下的调保参数和调压室涌浪计算结果见表 5.2-10和表 5.2-11。

表 5.2-8　折线关闭规律下的调保参数

序号	机组	蜗壳末端最大动水压力(m)	极值发生时间(s)	尾水管最小压力(m)	极值发生时间(s)	机组最大转速上升(%)	极值发生时间(s)
D_1	1#	138.31	9.14	−0.28	0.48	33.56	7.48
	2#	138.16	9.14	−0.29	0.76	33.48	7.48
	3#	137.72	9.14	−0.24	0.68	33.28	7.48
D_2	1#	139.95	8.1	−4.41	0.76	30.17	6.84
	2#	139.79	8.1	−4.57	0.76	30.11	6.84
	3#	139.3	8.1	−4.6	0.68	29.94	6.84
D_3	1#	139.7	109.14	−7.58	0.08	31.89	107.5
	2#	139.55	109.14	−2	0.14	31.81	107.5
	3#	139.1	109.14	1.32	0.16	31.62	107.5
D_4	1#	137.85	9.14	3.68	0.48	31.96	7.44
	2#	137.7	9.14	3.67	0.76	31.89	7.44
	3#	137.27	9.14	3.72	0.68	31.69	7.44
D_5	1#	139.84	9.14	11.29	0.48	29.94	7.4
	2#	139.7	9.14	11.26	0.76	29.86	7.4
	3#	139.28	9.14	11.3	0.68	29.67	7.4

序号	机组	蜗壳末端最大动水压力(m)	极值发生时间(s)	尾水管最小压力(m)	极值发生时间(s)	机组最大转速上升(%)	极值发生时间(s)
D₆	1#	134.15	7.54	5.64	0.76	22.55	6.34
	2#	133.99	7.54	5.53	0.76	22.5	6.34
	3#	133.54	7.54	5.48	0.68	22.37	6.34
D₇	1#	131.18	5.24	9.57	0.94	10.74	4.44
	2#	131.01	5.24	9.55	0.76	10.71	4.44
	3#	130.6	5.24	9.52	0.68	10.65	4.44
D₈	1#	126.54	55.78	10.27	11.88	6.22	5.5
	2#	126.48	48.82	10.35	11.88	6.21	5.5
	3#	126.76	54.08	10.31	11.74	6.19	5.5

表 5.2-9　折线关闭规律下的调压室涌浪计算结果

工况	调压室初始水位(m)	调压室最高涌浪(m)	发生时间(s)	调压室最低涌浪(m)	发生时间(s)	向下最大压差(m)	时间(t)	向上最大压差(m)	时间(s)
D₁	351.22	370.32	55	347.29	154.74	3.78	97.98	12.1	9.38
D₂	355.07	370.93	56.26	350.58	158.46	3.42	98.78	10.05	10.88
D₃	353.68	370.48	155.94	347.11	256.3	4.02	198.2	14.33	109.38
D₄	351.39	370.28	54.82	342.11	153.12	6.58	115.72	11.68	9.38
D₅	354.21	370.95	56.76	350.02	159.02	3.62	99.8	11.14	9.38
D₆	353.22	368.84	53.26	348.08	151.94	2.9	96.28	7.42	12.78
D₇	354.58	366.14	51.68	349.18	149.74	1.96	94.94	4.18	10.48
D₈	355.45	363.01	53.38	350.75	150.74	1.03	97.3	1.71	12.62

5.2.5.3 大波动计算结果及分析

采用 12 s 直线关闭规律,机组转动惯量取厂家给定的 2 400 t·m²,调压室采用简单式,调压室直径 18 m,对 8 个大波动工况进行了详细的数值计算,计算结果见表 5.2-10。

表 5.2-10　大波动常规工况机组参数计算结果

计算工况	机组	蜗壳末端最大动水压力(m)	极值发生时间(s)	尾水管进口最小动水压力(m)	极值发生时间(s)	机组最大转速上升(%)	极值发生时间(s)
D₁	1#	138.27	10.4	−0.22	0.48	38.63	8.38
	2#	138.11	10.4	−0.19	0.48	38.56	8.38
	3#	137.72	10.4	−0.04	0.68	38.36	8.36

计算工况	机组	蜗壳末端最大动水压力（m）	极值发生时间（s）	尾水管进口最小动水压力（m）	极值发生时间（s）	机组最大转速上升（%）	极值发生时间（s）
D_2	1#	139.88	8.58	−4.28	0.48	32.55	7.22
	2#	139.72	8.58	−4.28	0.76	32.49	7.22
	3#	139.28	8.6	−4.24	0.68	32.32	7.22
D_3	1#	139.78	110.4	−7.64	0.08	36.72	108.42
	2#	139.65	110.4	−2	0.14	36.64	108.42
	3#	139.17	110.4	1.32	0.16	36.45	108.42
D_4	1#	137.81	10.4	3.69	255.42	36.8	8.34
	2#	137.66	10.4	3.77	0.48	36.73	8.34
	3#	137.27	10.4	3.92	0.68	36.54	8.34
D_5	1#	139.81	10.4	11.36	0.48	34.49	8.3
	2#	139.66	10.4	11.39	0.48	34.42	8.3
	3#	139.28	10.4	11.52	0.68	34.23	8.3
D_6	1#	134.09	7.62	5.81	0.76	22.97	6.42
	2#	133.93	7.62	5.71	0.76	22.92	6.42
	3#	133.53	7.64	5.71	0.68	22.79	6.4
D_7	1#	131.18	5.24	9.57	0.94	10.74	4.44
	2#	131.01	5.24	9.55	0.76	10.71	4.44
	3#	130.6	5.24	9.52	0.68	10.65	4.44
D_8	1#	126.54	55.78	10.27	11.88	6.22	5.5
	2#	126.48	48.82	10.35	11.88	6.21	5.5
	3#	126.76	54.08	10.31	11.74	6.19	5.5

表 5.2-11 大波动常规工况调压室最高最低涌浪计算结果

工况	调压室初始水位（m）	调压室最高涌浪（m）	发生时间（s）	调压室最低涌浪（m）	发生时间（s）	向下最大压差（m）	时间（t）	向上最大压差（m）	时间（s）
D_1	351.22	370.33	56	347.29	155.76	3.78	97.3	12.09	10.64
D_2	355.07	370.94	56.7	350.58	158.9	3.42	99.8	10.03	11.28
D_3	353.68	370.5	156.86	347.09	257.24	4.04	200.04	14.3	110.64
D_4	351.39	370.29	55.84	342.11	154.08	6.61	116.78	11.67	10.64
D_5	354.21	370.96	57.84	350.01	160.08	3.63	100.9	11.14	10.64
D_6	353.22	368.84	53.36	348.08	152.04	2.9	96.28	7.42	12.88
D_7	354.58	366.14	51.68	349.18	149.74	1.96	94.94	4.18	10.48
D_8	355.45	363.01	53.38	350.75	150.74	1.03	97.3	1.71	12.62

由分析计算结果得到如下结论：

(1)机组转动惯量使用厂家给定的 2 400 t · m²，引水发电系统的调节保证计算是满足要求，蜗壳压力和机组转速上升率均有比较大的裕度。

(2)水轮机导叶关闭规律建议采用 12 s 直线关闭规律，即从 100% 开度关闭到 0 开度的时间为 12 s，各工况的关闭时间根据初始开度进行折减。

(3)蜗壳末端最大动水压力为 139.88 m，尾水管进口最小压力为 -7.64 m，控制工况为 D_2 和 D_3；机组转速最大上升率为 38.63%，控制工况为 D_1。

(4)调压室最高涌浪为 370.96 m，控制工况为 D_5；调压室最低涌浪为 342.11 m，控制工况为 D_4。

(5)沿管线最小压力大于 2 m，不存在负压。

(6)折线关闭规律可以作为安全裕度，其对调压室的涌浪几乎没有影响，蜗壳压力上升和尾水管进口压力下降与直线关闭规律相当，但机组转速上升率约有 5% 的下降(可以适当减小机组的转动惯量)。

综上所述，所有的参数均满足设计要求，并有一定的裕度，说明整个引水发电系统的布置是合理可行的。

5.2.6 小波动过渡过程计算

5.2.6.1 计算工况

根据研究大纲和本电站的特点，拟定小波动过渡过程工况如下：

工况 X1：额定水头 105 m，三台机组满出力运行同时突甩 10% 负荷。

工况 X2：最大水头，三台机组满出力运行同时突甩 10% 负荷。

工况 X3：最小水头，三台机组满出力运行同时突甩 10% 负荷。

工况 X4：额定水头，三台机组带 80% 额定负荷同时突甩 10% 负荷。

工况 X5：最大水头，三台机组带 80% 额定负荷同时突甩 10% 负荷。

工况 X6：最小水头，三台机组带 80% 额定负荷同时突甩 10% 负荷。

工况 X7：额定水头，三台机组带 60% 额定负荷同时突甩 10% 负荷。

工况 X8：最大水头，三台机组带 60% 额定负荷同时突甩 10% 负荷。

工况 X9：最小水头，三台机组带 60% 额定负荷同时突甩 10% 负荷。

5.2.6.2 调速器参数确定

调速器参数首先按照斯坦因建议公式取值，即 $T_n = 0.5T_w$，$b_p + b_t = 1.5T_w/T_a$，$T_d = 3T_w$，其中 T_w 取最长管线机组至调压室间的水流加速时间常数(1.885 s)，T_a 为机组加速时间常数(11.836 s)。经过计算和分析，初步选取调速器参数如下：$T_n = 1.0$ s，$b_t = 0.36$，$T_d = 6.0$ s，$T_y = 0.02$ s，$b_p = 0$，电网负荷自调节系数 e_g 取 0，即小波动计算不考虑外界电网的调节作用。以 X1 工况基础，对调速器参数进行敏感性分析，本书计算了 6 组调速器参数，计算结果见表 5.2-12 和表 5.2-13。

调速器参数缓冲时间常数 T_d 和暂态转差率 b_t 是影响水电站调节系统稳定性和调节品质的两个重要参数。一般地，其值越大，系统的稳定性越好，但最大转速偏差大，速动性差；若取小值，则系统的速动性好，而稳定性变差。本书主要依据进入 ±0.2% 稳定带宽的调节时间和转速波动的波形特点来估计调速器参数的优劣。

表 5.2-12　调速器参数的说明与计算结果

工况编号	调速器参数			负荷自调节系数 e_g	机组号	调节时间（±0.2%）	最大转速偏差（r/min）
	T_d(s)	b_t	T_n(s)				
1	6	0.36	1.0	0.0	1#	22	8.84
					2#	22.4	8.54
					3#	22.4	8.53
2	6	0.4	1.0	0.0	1#	23.2	9.27
					2#	23.2	8.94
					3#	23.6	8.94
3	7	0.4	1.0	0.0	1#	30.4	9.41
					2#	30.8	9.07
					3#	30.8	9.07
4	5	0.3	1.0	0.0	1#	16	8
					2#	16	7.74
					3#	16	7.72
5	5	0.36	1.0	0.0	1#	17.2	8.69
					2#	17.2	8.39
					3#	17.6	8.37
6	6	0.36	0.8	0.0	1#	22.4	8.78
					2#	22.4	8.46
					3#	22.8	8.45

　　综合比较,建议采用第四组调速器参数,并且在此参数附近取值均能得到比较好的结果。调速器的主要参数选择为调速器缓冲时间常数 $T_d = 5.0$ s,暂态转差系数 $b_t = 0.3$,测频微分时间常数 $T_n = 1.0$ s,接力器反应时间常数 $T_y = 0.02$ s,永态转差系数 $b_p = 0$(对应的比例增益 $K_P = \dfrac{1}{b_t}$,积分增益 $K_I = \dfrac{1}{b_t T_d}$,微分增益 $K_D = \dfrac{T_n}{b_t}$ 分别为 $K_P = 3.3$, $K_I = 0.67 \text{s}^{-1}$, $K_D = 3.3$ s),电网负荷自调节系数 e_g 取 0.0,即小波动计算不考虑外界电网的调节作用。

5.2.6.3　小波动过渡过程计算结果及分析

　　在上面给定的调速器参数下,对各工况进行了详细的数值计算,结果如表 5.2-13 及表 5.2-14 所示。

　　计算结果表明,在额定工作点(一般情况下是机组稳定性的控制工况)的小波动稳定性很好,直接采用斯坦因公式计算得到的调速器参数,机组能在很短的时间进入稳定带宽,且振荡次数、衰减度和超调量均满足设计要求。

表 5.2-13　机组转速特征值计算结果

工况	机组	n_{max}或 n_{min} （r/min）	发生时刻 （s）	n_1 （r/min）	发生时刻 （s）	n_2 （r/min）	发生时刻 （s）	±0.2% 调节时间（s）	最大偏差 （r/min）	振荡次数	衰减度	超调量
X1	1#	308	4.4	299.71	122	300.25	204.8	16	8	0.5	0.97	0.04
	2#	307.74	4.4	299.68	117.2	300.25	205.6	16	7.74	0.5	0.97	0.04
	3#	307.72	4.4	299.69	117.6	300.25	205.6	16	7.72	0.5	0.97	0.04
X2	1#	305.4	3.6	299.87	105.6	300.09	204	13.6	5.4	0.5	0.98	0.02
	2#	305.26	3.6	299.87	106	300.09	204	13.6	5.26	0.5	0.98	0.02
	3#	305.25	3.6	299.87	106	300.09	204	13.6	5.25	0.5	0.98	0.02
X3	1#	307.94	4.4	299.7	121.6	300.25	209.6	16	7.94	0.5	0.97	0.04
	2#	307.68	4.4	299.67	117.2	300.25	209.6	16	7.68	0.5	0.97	0.04
	3#	307.65	4.4	299.68	117.6	300.25	209.6	16.4	7.65	0.5	0.97	0.04
X4	1#	304.34	4	299.82	110	300.14	204	14.4	4.34	0.5	0.97	0.04
	2#	304.2	4	299.82	110	300.14	204	14.4	4.2	0.5	0.97	0.04
	3#	304.2	4	299.82	110	300.14	204	14.4	4.2	0.5	0.97	0.04
X5	1#	304.12	3.6	299.92	104.8	300.06	202.4	12.8	4.12	0.5	0.99	0.02
	2#	304.05	3.6	299.92	104.8	300.06	202.4	12.8	4.05	0.5	0.99	0.02
	3#	304.04	3.6	299.92	104.8	300.06	202.4	12.8	4.04	0.5	0.99	0.02
X6	1#	304.42	3.6	299.81	109.6	300.15	203.6	14.4	4.42	0.5	0.97	0.04
	2#	304.3	3.6	299.81	109.6	300.15	203.6	14	4.3	0.5	0.96	0.04
	3#	304.29	3.6	299.81	109.6	300.15	203.6	14	4.29	0.5	0.96	0.04
X7	1#	303.12	4	299.92	104.8	300.06	202	12.8	3.12	0.5	0.98	0.03
	2#	303.06	4	299.92	104.8	300.06	202	12.8	3.06	0.5	0.98	0.03
	3#	303.06	4	299.92	104.8	300.06	202	12.8	3.06	0.5	0.98	0.03
X8	1#	302.91	3.6	299.96	104.4	300.03	199.2	12	2.91	0.5	0.99	0.02
	2#	302.88	3.6	299.96	104.4	300.03	199.2	12	2.88	0.5	0.99	0.02
	3#	302.87	3.6	299.96	104.4	300.03	199.2	12	2.87	0.5	0.99	0.02
X9	1#	303.18	4	299.92	104.8	300.06	209.2	12.8	3.18	0.5	0.98	0.03
	2#	303.12	4	299.92	100.4	300.06	202	12.8	3.12	0.5	0.98	0.03
	3#	303.12	4	299.92	101.2	300.06	202	12.8	3.12	0.5	0.98	0.03

表 5.2-14 调压室水位特征值计算结果

工况	初始水位（m）	最高涌浪水位（m）	发生时间（s）	最低涌浪水位（m）	发生时间（s）	波动周期（s）	向上最大振幅（m）	向下最大振幅（m）
X1	351.22	354.82	58.98	350.52	159.58	200.8	3.6	0.7
X2	355.07	357.58	56.72	354.56	156.4	199.2	2.5	0.52
X3	351.26	354.84	58.98	350.55	159.58	200.8	3.58	0.72
X4	352.94	355.02	56	352.32	155.2	198.4	2.08	0.62
X5	356.30	358.07	54.8	355.78	153.2	196.8	1.77	0.53
X6	352.89	355.02	56	352.25	155.2	198.4	2.13	0.63
X7	354.16	355.57	54	353.58	152	196	1.42	0.58
X8	357.34	358.59	53.2	356.83	150.8	195.2	1.25	0.51
X9	354.1	355.55	54	353.52	152	196	1.45	0.59

5.2.7 水力干扰过渡过程计算

5.2.7.1 计算参数及计算内容

在水力干扰过渡过程的计算中考虑了机组联入有限电网,在电网中担负调频的任务,其能力将影响电网的供电质量,数值计算的目的就是研究运行机组在受扰动情况下的调节品质。

5.2.7.2 计算工况

根据电站的布置,拟定水力干扰过渡过程的计算工况如下:

工况 GR1:额定水头,两台机正常运行,一台机甩全负荷。

工况 GR2:最大水头,两台机正常运行,一台机甩全负荷。

工况 GR3:最小水头,两台机正常运行,一台机甩全负荷。

工况 GR4:额定水头,一台机正常运行,两台机甩全负荷。

工况 GR5:最大水头,一台机正常运行,两台机甩全负荷。

工况 GR6:最小水头,一台机正常运行,两台机甩全负荷。

工况 GR7:额定水头,两台机正常运行,一台机增全负荷。

工况 GR8:最大水头,两台机正常运行,一台机增全负荷。

工况 GR9:最小水头,两台机正常运行,一台机增全负荷。

5.2.7.3 水力干扰过渡过程计算结果及分析

运行机组调速器参与频率调节即机组联入有限电网,在电网中担负调频任务,其能力将影响电网的供电质量,调速器跟踪运行机组频率进行调节。据此,得到水力干扰过渡过程数值计算结果,见表5.2-15、表5.2-16。

表 5.2-15　正常运行机组参数计算结果

工况代号	运行机组	初始出力（MW）	最大出力（MW）	最小出力（MW）	向上最大偏差（MW）	向下最大偏差（MW）	最大摆动幅度（MW）	最大摆动幅度（%）	±0.2%调节时间（s）	转速最大偏差（r/min）
GR1	1#	51.54	53.68	51.44	2.15	0.1	2.25	4.37	>300.00	3.8
	2#	51.49	53.45	51.41	1.96	0.08	2.04	3.96	>300.00	3.54
GR2	1#	51.33	53.33	51.07	2	0.26	2.26	4.40	10.8	2
	2#	51.3	53.09	51.17	1.79	0.13	1.92	3.74	10.8	1.82
GR3	1#	50.84	52.95	50.75	2.12	0.09	2.21	4.34	>300.00	3.79
	2#	50.79	52.72	50.71	1.93	0.08	2.01	3.96	>300.00	3.53
GR4	1#	51.49	54.95	51.3	3.46	0.19	3.65	7.09	>300.00	6.2
GR5	1#	51.3	54.16	51.2	2.86	0.1	2.96	9.26	206	3.27
GR6	1#	50.79	54.23	50.61	3.44	0.19	3.62	5.77	>300.00	6.19
GR7	1#	54.23	55.95	52.64	1.73	1.58	3.31	6.1	246.4	7.16
	2#	54.11	56	52.72	1.9	1.39	3.28	6.06	247.2	6.52
GR8	1#	53.38	54.86	51.62	1.47	1.77	3.24	6.07	113.2	1.54
	2#	53.29	54.3	51.75	1.01	1.54	2.55	4.78	112.8	1.44
GR9	1#	53.49	55.22	51.91	1.73	1.58	3.31	6.19	247.2	7.74
	2#	53.37	55.3	52.02	1.93	1.35	3.29	6.16	247.6	7.09

表 5.2-16　调压室波动参数计算结果

工况代号	初始水位（m）	最高水位（m）	最高水位发生时间(s)	最低水位（m）	最低涌浪水位发生时间(s)	向下最大振幅(m)	向上最大振幅(m)
GR1	351.22	360.52	60.4	349.19	159.6	9.31	2.02
GR2	355.07	362.99	58.4	353.28	156.8	7.92	1.79
GR3	351.26	360.53	60.4	349.21	159.2	9.26	2.06
GR4	351.22	366.5	57.2	347.64	155.2	15.28	3.58
GR5	355.07	368.73	56	351.34	153.6	13.66	3.74
GR6	351.26	366.48	57.2	347.64	155.2	15.21	3.62
GR7	353.59	344.47	66	354.53	169.2	0.94	9.12
GR8	357.01	349.79	61.6	357.64	161.6	0.63	7.22
GR9	353.61	344.46	66.4	354.31	169.6	0.7	9.15

由上述水力干扰过渡过程计算结果,我们可以看出两台机组甩(增)负荷对正常运行

的机组的影响比较大,一台机组甩(增)负荷的影响相对较小。

正常运行机组在受到其他机组的干扰后,其出力最大振幅可达 9.26% ,但是机组出力波动和转速波动均是衰减的,能保证电站运行的安全性和稳定性。

总体而言,该电站的引水发电系统的抗水力干扰性能还是比较优越的。

5.2.8 结论

通过本阶段方案的过渡过程数值计算结果,得到如下初步结论:

(1)厂家给定 2 400 t·m² 的机组转动惯量,是满足水电站调节保证要求的。

(2)厂家给定的两种导叶关闭规律,比较分析后,折线关闭规律对减小机组转速上升率比较有效,而本电站的最大转速上升率小于 40% ,故建议采用 12 s 直线关闭规律。

(3)蜗壳末端最大动水压力为 139.88 m,尾水管进口最小压力为 −7.64 m,控制工况为 D_2 和 D_3 ;机组转速最大上升率为 38.63% ,控制工况为 D_1 ,满足控制要求。

(4)调压室最高涌浪为 370.96 m,调压室最低涌浪为 342.11 m;引水发电系统管线沿程均不存在负压,满足大于 0.02 MPa 正压的要求。

(5)调速器的主要参数建议为调速器缓冲时间常数 $T_d = 5.0$ s,暂态转差系数 $b_t =$ 0.3,测频微分时间常数 $T_n = 1.0$ s,接力器反应时间常数 $T_y = 0.02$ s,永态转差系数 $b_P = 0$ (对应的比例增益 $K_P = 1/b_t$,积分增益 $K_I = 1/(b_t T_d)$,微分增益 $K_D = T_n/b_t$ 分别为 $K_P =$ 3.3, $K_I = 0.67$ s^{-1} , $K_D = 3.3$ s),电网负荷自调节系数 e_g 取 0.0。

(6)所有工况均可在 20.0 s 内进入 ±0.2% 的转速频带偏差内,在不考虑电网负荷自调节能力的条件下,小波动调节品质很好。在小波动过程中,调压室的水位也相应发生水位波动,其向上最大振幅为 3.6 m,向下最大振幅为 0.72 m。

(7)引水发电系统的整体抗水力干扰性能优越,而且两台机组甩负荷对正常运行机组的影响大于一台机组甩负荷对正常运行机组的影响,体现为进入 ±0.2% 稳定带宽所需的调节时间较长。

综上所述,整个引水发电系统的布置是合理可行的,具有良好的调节品质和运行稳定性。

5.3 中高扬程水泵站过渡过程技术研究

本节以国外某供水泵站为例,介绍中高扬程水泵站过渡过程计算及技术研究。

5.3.1 泵站参数

5.3.1.1 泵站基本情况

该泵站安装 8 台水泵,额定流量为 1.58 m³/s,扬程 77 m,泵的出口管径为 DN800 mm,管道长 50 m,其中 2 台泵并联后汇聚至 DN1200 mm 大管,管长 2.5 km。其余 6 台中每 3 台泵并联后汇聚至 DN1400 mm 大管,管长 2.5 km。

5.3.1.2 泵站计算参数

水泵:SFWP80 −700s1,8 台;

电机:YKS630 - 6,8 台;

管长:$L_0 = 2\,500$ m;

进水支管管径:$D_0 = 1\,000$ mm(钢管);

出水支管管径:$D_0 = 800$ mm(钢管);

并联总管管径:$D_0 = 1\,400$ mm(钢管);

水锤波速:$c = 966.59$ m/s(钢管);

水泵扬程:$H_0 = 77$ m;

水泵流量:$Q_0 = 1.58$ m^3/s;

水泵额定转速:$n_1 = 1\,000$ r/min;

电动机转动惯量:450 kg·m^2;

水泵的转动惯量:不考虑。

水泵电动机性能参数见表 5.3-1。

表 5.3-1　水泵电动机性能参数

项目	单位	最高扬程 77 m	最低扬程 65 m
流量	m^3/s	1.58	1.9
轴功率	kW	1 312	1 376
效率	%	90	88
NPSHre	m	6	9
额定转速(同步)	r/min	1 000	1 000
比转速	m·kW	125	
转轮直径(约)	m	800	800
推荐配套电机功率	kW	1 600	
机端电压	6 kV	6 kV,IP54	
配套电动机型号		卧式异步电动机	
额定转速(同步)	r/min	1 000	
电动机额定效率	%	96.7	
功率因数		0.87	

5.3.1.3　输水管道计算参数

输水系统建筑物基本数据见表 5.3-2。

5.3.2　过渡过程计算的目的与任务

针对该泵站管线布置与泵站设计,为了对系统中可能出现的水力过渡过程问题进行计算,并采取合理的措施对工程进行水锤防护,主要计算分析内容如下:

(1)计算水泵出口不装阀门,事故停泵时水泵的最大倒转转速、时间及最大倒泄水量。

表 5.3-2 输水系统建筑物基本数据

序号	起始桩号	终点桩号	管道长度 (m)	进口高程 (m)	出口高程 (m)	糙率	说明
1	0 + 000.000	0 + 030.000	30.00	459.72	459.72	0.012	
2	0 + 030.000	0 + 100.000	100.00	459.72	460.65	0.012	
3	0 + 100.000	0 + 230.000	100.00	460.65	462.42	0.012	
4	0 + 230.000	0 + 275.000	100.00	462.42	463.14	0.012	
5	0 + 275.000	0 + 330.000	100.00	463.14	464.78	0.012	
6	0 + 330.000	0 + 430.000	100.00	464.78	469.18	0.012	
7	0 + 430.000	0 + 530.000	100.00	469.18	470.43	0.012	
8	0 + 530.000	0 + 630.000	100.00	470.43	470.80	0.012	
9	0 + 630.000	0 + 730.000	100.00	470.80	471.91	0.012	
10	0 + 730.000	0 + 830.000	100.00	471.91	473.01	0.012	
11	0 + 830.000	0 + 930.000	100.00	473.01	474.12	0.012	
12	0 + 930.000	1 + 030.000	100.00	474.12	475.23	0.012	
13	1 + 030.000	1 + 130.000	100.00	475.23	475.46	0.012	
14	1 + 130.000	1 + 230.000	100.00	475.46	477.23	0.012	钢管 $D = 1.2$ m
15	1 + 230.000	1 + 330.000	100.00	477.23	478.93	0.012	
16	1 + 330.000	1 + 430.000	100.00	478.93	480.53	0.012	
17	1 + 430.000	1 + 530.000	100.00	480.53	482.11	0.012	
18	1 + 530.000	1 + 630.000	100.00	482.11	483.71	0.012	
19	1 + 630.000	1 + 730.000	100.00	483.71	483.93	0.012	
20	1 + 730.000	1 + 830.000	100.00	483.93	484.17	0.012	
21	1 + 830.000	1 + 930.000	100.00	484.17	486.39	0.012	
22	1 + 930.000	2 + 030.000	100.00	486.39	488.83	0.012	
23	2 + 030.000	2 + 130.000	100.00	488.83	491.29	0.012	
24	2 + 130.000	2 + 230.000	100.00	491.29	493.75	0.012	
25	2 + 230.000	2 + 330.000	100.00	493.75	496.26	0.012	
26	2 + 330.000	2 + 430.000	100.00	496.26	501.60	0.012	
27	2 + 430.000	2 + 560.000	156.00	501.60	509.20	0.012	

(2)计算水泵出口装液控缓闭止回蝶阀,事故停泵时液控缓闭止回蝶阀的最优关闭规律,并给出压力管线的最大及最小压力包络线,并图示出。

(3)按照实际压力管线布置图的条件,计算给出泵站水锤防护的具体措施,并给出计算结果。即在此水锤防护措施下各种工况的压力管线的最大及最小压力包络线,并图示出。

5.3.3 计算软件与计算原理

5.3.3.1 计算软件简介

Bentley HAMMER 是由 Bentley 公司开发的全球知名水锤计算软件,用于分析复杂的水泵系统和管网从一个稳态过渡到另一稳态的瞬间变化。以下是根据 Narpay 泵站的实际情况建立软件模型,基于 Bentley HAMMER 软件的计算分析过程。本计算是采用 Bentley HAMMERV8i 版。

5.3.3.2 计算原理

1)一维非恒定流动的基本方程

连续方程

$$\frac{\partial(\rho vA)}{\partial x} + \frac{\partial(\rho A)}{\partial t} = 0 \tag{5.3-1}$$

运动方程

$$\frac{\partial Z}{\partial x} + \frac{\partial P}{\gamma \partial x} + \frac{1}{g}\left(\frac{\partial v}{\partial t} + v\frac{\partial v}{\partial x}\right) + \frac{\partial h_w}{\partial x} = 0 \tag{5.3-2}$$

式中:t 为时间;x 为流程;Z 为断面平均高程;P 为断面平均压力;v 为断面平均流速;A 为断面面积;ρ 为流体密度;γ 为流体容重;h_w 为水头损失;g 为重力加速度。

2)有压管道中水击的微分方程和特征方程

以 L 和 D 分别表示管道的长度和直径,式(5.3-2)中水头损失可表示为

$$h_w = \lambda\frac{Lv|v|}{2gD} \tag{5.3-3}$$

式中,λ 为摩阻系数。记测压管水头 $Z + P/\gamma = h$,得到水击运动微分方程

$$g\frac{\partial h}{\partial x} + \frac{\partial v}{\partial t} + v\frac{\partial v}{\partial x} + \lambda\frac{v|v|}{2D} = 0 \tag{5.3-4}$$

由式(5.3-1),考虑了水的压缩性和圆管管壁的弹性,得到水击连续微分方程

$$\frac{\partial h}{\partial t} + v\frac{\partial h}{\partial x} + v\sin\theta + \frac{c^2}{g}\frac{\partial v}{\partial x} = 0 \tag{5.3-5}$$

式中,c 为水击波的传播速度,由液体的压缩性和管壁的弹性决定;θ 为管轴和水平线夹角,$\frac{\partial Z}{\partial x} = -\sin\theta$。

式(5.3-4)、式(5.3-5)组成一阶拟线性双曲型偏微分方程组,本书用特征线法求解。特征线法是把一根管道划分为 n 等份,间距为 Δx,然后在起始条件下按照特征方程递推计算。递推要保证计算稳定,时间步长必须满足 Courant 条件

$$\Delta t \leqslant \frac{\Delta x}{|c + v|} \tag{5.3-6}$$

按照特征理论,不难得到式(5.3-4)、式(5.3-5)的特征线方程是

$$C^+:\frac{\mathrm{d}h}{\mathrm{d}t} + \frac{c\mathrm{d}v}{g\mathrm{d}t} + v\sin\theta + c\lambda\frac{v|v|}{2gD} = 0$$

$$\frac{\mathrm{d}x}{\mathrm{d}t} = v + c$$

$$C^- : \frac{\mathrm{d}h}{\mathrm{d}t} - \frac{c\mathrm{d}v}{g\mathrm{d}t} + v\sin\theta - c\lambda \frac{v|v|}{2gD} = 0$$

$$\frac{\mathrm{d}x}{\mathrm{d}t} = v - c$$

沿图 5.3-1 所示的特征线,把特征方程离散化后,得到

$$C^+ : h_P - h_R + \frac{c(v_P - v_R)}{g} + v_R \Delta t \sin\theta_R + \frac{\lambda c \Delta t v_R |v_R|}{2gD_R} = 0 \qquad (5.3\text{-}7(a))$$

$$X_P - X_R = (v_R + c)\Delta t \qquad (5.3\text{-}7(b))$$

$$C^- : h_P - h_S - \frac{c(v_P - v_S)}{g} + v_S \Delta t \sin\theta_S - \frac{\lambda c \Delta t v_S |v_S|}{2gD_S} = 0 \qquad (5.3\text{-}8(a))$$

$$X_P - X_S = (v_S - c)\Delta t \qquad (5.3\text{-}8(b))$$

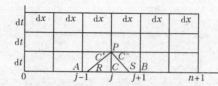

图 5.3-1 特征线网格

下面处理等直径圆管,可略去 D 和 θ 的下标 R 或 S。根据式(5.3-7(a))和式(5.3-8(a)),在已知上时刻的 h_R、v_R 和 h_S、v_S 下,求本时刻的 h_P、v_P。

如图 5.3-1 所示,R 点和 S 点的参数可用网格点 A、B、C 三点的参数线性内插得到。根据式(5.3-7)和式(5.3-8),得到插值公式为

$$v_R = \frac{v_C - \delta c(v_C - v_A)}{1 + \delta(v_C - v_A)} \qquad (5.3\text{-}9(a))$$

$$v_S = \frac{v_C - \delta c(v_C - v_B)}{1 - \delta(v_C - v_B)} \qquad (5.3\text{-}9(b))$$

$$h_R = h_C - \delta(v_R + c)(h_C - h_A) \qquad (5.3\text{-}9(c))$$

$$h_S = h_C + \delta(v_S - c)(h_C - h_B) \qquad (5.3\text{-}9(d))$$

式中,$\delta = \Delta t / \Delta X$。对于压力管道,管道流速 v 远小于水击波的传播速度 c,所以可略去,式(5.3-9)简化为

$$v_R = v_C - \delta c(v_C - v_A) \qquad (5.3\text{-}10(a))$$

$$v_S = v_C - \delta c(v_C - v_B) \qquad (5.3\text{-}10(b))$$

$$h_R = h_C - \delta c(h_C - h_A) \qquad (5.3\text{-}10(c))$$

$$h_S = h_C - \delta c(h_C - h_B) \qquad (5.3\text{-}10(d))$$

引入符号

$$C_P = h_R + v_R \left[\frac{c}{g} - \Delta t \sin\theta - \frac{\lambda c \Delta t |v_R|}{2gD} \right] \qquad (5.3\text{-}11(a))$$

$$C_{\mathrm{M}} = h_{\mathrm{S}} - v_{\mathrm{S}} \left[\frac{c}{g} + \Delta t \sin\theta - \frac{\lambda c \Delta t \left| v_{\mathrm{S}} \right|}{2gD} \right] \qquad (5.3\text{-}11(\mathrm{b}))$$

式(5.3-7(a))和(5.3-8(a))改写为

$$C^{+} : h_{\mathrm{P}} = C_{\mathrm{P}} - \frac{cv_{\mathrm{P}}}{g} \qquad (5.3\text{-}12(\mathrm{a}))$$

$$C^{-} : h_{\mathrm{P}} = C_{\mathrm{M}} + \frac{cv_{\mathrm{P}}}{g} \qquad (5.3\text{-}12(\mathrm{b}))$$

于是,对一根管道的内点 P 有

$$h_{\mathrm{P}} = \frac{C_{\mathrm{P}} + C_{\mathrm{M}}}{2}$$

$$v_{\mathrm{P}} = \frac{g(C_{\mathrm{P}} - h_{\mathrm{P}})}{c} = \frac{g(h_{\mathrm{P}} - C_{\mathrm{M}})}{c}$$

5.3.4 模型建立

泵站和管道布置如图5.3-2所示。

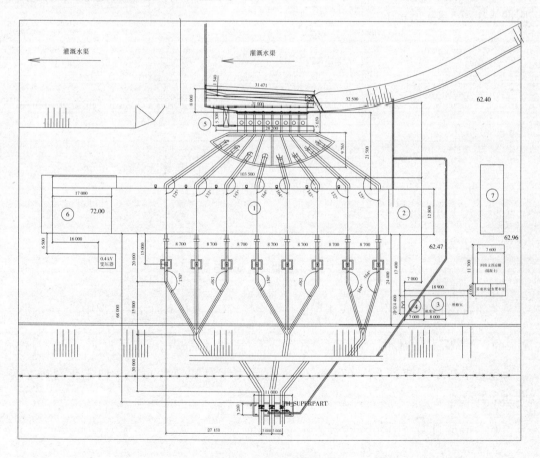

图5.3-2 泵站和管道布置

泵的特性曲线如图5.3-3所示。

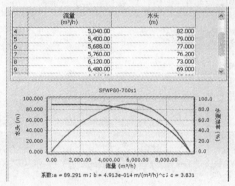

图5.3-3 泵的特性曲线

在泵的出口设置控制阀,泵出口压力管道上每根设置4个空气阀(在现有管道位置)。

根据泵、控制阀的特性,分别设置泵、控制阀及其他阀的特性。其中控制阀的流量流阻曲线如图5.3-4所示。

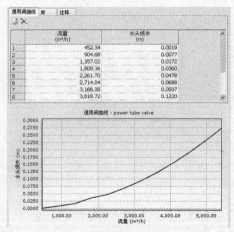

图5.3-4 控制阀流量流阻曲线

关闭特性曲线根据不同计算工况进行调整比较(出现在下面计算工况中)。

5.3.5 稳态计算成果

稳态运行单泵流量为 1.674 m^3/s,8 台泵共计为 13.298 m^3/s。稳态压力分布见图5.3-5。

5.3.6 事故计算工况

5.3.6.1 事故停机不设蝶阀

采用常规水锤计算模型的计算方法,计算得到泵出口阀不关闭的条件下,水泵事故停

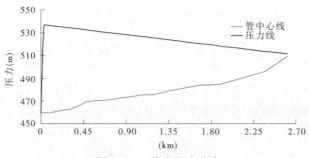

图 5.3-5 稳态压力分布

泵(最不利工况),没有水锤防护设施的保护下压力瞬变最高水力包络线(H_{max})计算和最低水力包络线(H_{min})计算。

发生事故停泵后的第21 s左右,水泵开始倒流,最大倒转转速为额定转速的1.36倍(水泵额定转速1 000 r/min),规范规定离心泵最高反转速度不应超过额定转速的1.2倍;管道最大倒泄流量为13.6 m³/s;泵出口阀后点的最大净水头达到146.3 m,规范要求最高压力不应超过水泵出口额定压力的1.5倍即115.5 m。

根据上述分析,由于停泵后泵站的倒转转速超过了《泵站设计规范》要求的1.2倍,因此要确保停泵后泵出口阀的可靠关闭,一方面防止水泵倒转,另一方面减少水量和能量损失。

5.3.6.2 事故停机泵出口蝶阀40 s关闭

发生事故停泵后的第18 s左右,水泵开始倒流,最大倒转转速为额定转速的1.42倍(水泵额定转速1 000 r/min),规范规定离心泵最高反转速度不应超过额定转速的1.2倍;管道最大倒泄流量为13.9 m³/s;泵出口阀后点的最大净水头达到242.6 m,规范要求最高压力不应超过水泵出口额定压力的1.5倍即115.5 m。

5.3.6.3 事故停机泵出口设止回阀

发生事故停泵后的第20 s左右,水泵开始倒流,最大倒转转速为额定转速的1.34倍(水泵额定转速1 000 r/min),规范规定离心泵最高反转速度不应超过额定转速的1.2倍;管道最大倒泄流量为13.4 m³/s;泵出口阀后点的最大净水头达到206.2 m,规范要求最高压力不应超过水泵出口额定压力的1.5倍即115.5 m。

5.3.6.4 事故停机泵出口设控制阀(线性关闭)

发生事故停泵后的第21 s左右,水泵开始倒流,最大倒转转速为额定转速的1.28倍(水泵额定转速1 000 r/min),规范规定离心泵最高反转速度不应超过额定转速的1.2倍;管道最大倒泄流量为13.2 m³/s;泵出口阀后点的最大净水头达到120.0 m,规范要求最高压力不应超过水泵出口额定压力的1.5倍即115.5 m。

5.3.6.5 事故停机泵出口设控制阀(两阶段关闭)

发生事故停泵后的第23 s左右,水泵开始倒流,最大倒转转速为额定转速的1.19倍(水泵额定转速1 000 r/min),规范规定离心泵最高反转速度不应超过额定转速的1.2倍;管道最大倒泄流量为12.9 m³/s;泵出口阀后点的最大净水头达到104.8 m,规范要求最高压力不应超过水泵出口额定压力的1.5倍即115.5 m。

5.3.7 初步结论

根据上述分析,在事故停机泵出口设控制阀两阶段关闭工况下,由于停泵后泵站的倒转转速、最高压力基本满足《泵站设计规范》的要求,因此泵出口采用控制阀(两阶段线性关闭曲线)进行控制,效果比较好。根据我们的选型,管道及管道阀门等承压为 1.6 MPa,其突然停电产生的瞬时水头小于管道承压能力,所以该泵站系统能满足使用,不会存在突然停泵出现事故的问题。

参 考 文 献

[1] 郑渊. 水轮机[M]. 北京:中国科技文化出版社,2003.
[2] 水电站机电设计手册. 北京:水力电力出版社,1989.
[3] 水力发电厂机电设计规范. 北京:中国电力出版社,2004.
[4] 灌溉与排水设计规范国家技术监督局. 1999.
[5] 泵站设计规范. 国家技术监督局. 1997.
[6] 混流泵轴流泵技术条件国家技术监督局. 1991.
[7] 张维聚. 引水径流式水电站水轮机磨蚀及治理 ISSN1006 – 4311/CN13 – 1085/N. 价值工程,2011.
[8] 张维聚. 水利工程中轴流泵及其附属系统的选型设计 ISSN1002 – 7424/CN21 – 1190/TH. 水泵技术,2011.
[9] 张维聚. 刚果(金)ZONGO Ⅱ 水电站水轮发电机组选型设计 ISSN1006 – 4311/CN13 – 1085/N. 价值工程,2011.
[10] 张维聚. 南水北调东平湖区排涝工程潜水轴流泵选型应用 ISSN1006 – 4311/CN13 – 1085/N. 价值工程,2012.
[11] 张维聚. 安徽省沿江中小型泵站水泵选型与设计[J]. 水利水电工程设计,2004.
[12] 张维聚. 黄河沙坡头水利枢纽调速器选型及招标设计[J]. 水利水电工程设计,2005.
[13] 张维聚. 洲头西站水泵选型及附属系统设计[J]. 水利水电工程设计,2004.
[14] 张维聚. 茅草坝水利水电工程梯级电站水轮机选型[J]. 水利水电工程设计,2005.
[15] 张维聚. 戈兰滩水电站水轮发电机组及其附属设备设计[J]. 水利水电工程设计,2009.
[16] 张维聚. 万家寨引黄工程各级泵站主变压器消防设计[C]∥万家寨引黄工程勘测设计论文集. 郑州:黄河水利出版社,2003.